【第四版】

餐飲規劃 與佈局

Foodservice Planning & Layout

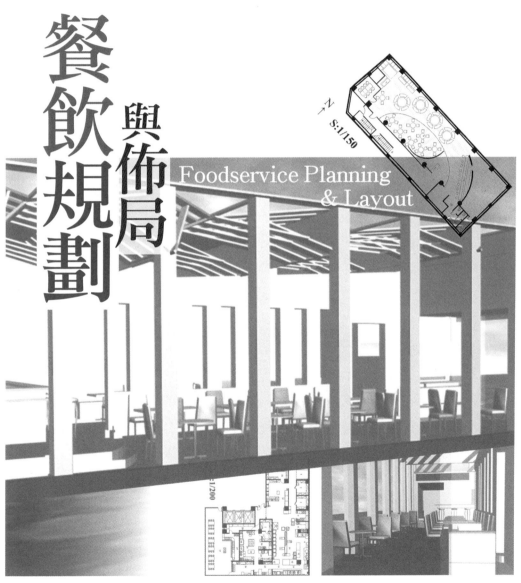

Chyuan Jong-Yu,Ph.D.,R.D.　全中妤 著

五南圖書出版公司 印行

再版序

　　如果把開餐廳視為一份事業，它具有挑戰性，因為從收集市場資料到團隊的凝聚，在在都需要充分的溝通與協調。如果把書寫餐飲企劃案當做一份工作，則需要更縝密的構思和精確的內容，明白地向投資者陳述它的功能與目的，其中的詳細數據與未來市場預估更是不容小覷。如今市面上已有許多經營成功的餐飲典範，更有許多珍貴經驗分享的書籍，足以為後進者的參考。

　　本書之出版目的，在將筆者過去的教學經驗做詳盡的資料整理與書寫，視為「餐廳設備與佈局」一課之教材。由於筆者受教於美國餐旅大學（請見作者學經歷），從註冊營養師角度開始研究職業傷害與人因工程，深深體會到工業工程的作業分析與數據計算，多麼有助於中央廚房的規劃與連鎖餐飲的設計，雖然只是紙上作業沙盤演練，但至少可減少真實投資的時間與成本浪費。

　　因此，本書有許多廚房／餐廳的規劃步驟、效率計算與作圖設計，雖然不能媲美專業設計師的規格與標準，但針對一位準備從事餐飲管理的學習者而言，先前的準備功課也許可以縮短後續的投資回收時限，敬請參酌。

　　筆者在此感謝家人的鼓勵，使用此書首版的他校老師、學生和業界同好，讓此書首版在短短一年多售罄！在此更感謝五南文化事業的支持與協助，讓它得以繼續再版！深切期盼各界先進不吝指教，感謝！

輔仁大學　餐旅管理系

全中妤 謹誌

中華民國101年5月

序

如果把開餐廳視為一份事業，它具有挑戰性，因為從市場資料的蒐集到團隊的凝聚，都需要充分的溝通與協調。如果把書寫餐飲企劃案當作一份工作，它需要縝密的構思和精確的內容，明白地向投資者陳述它的功能與目的。市場上已有許多經營成功的餐廳，更有許多珍貴經驗分享的書籍，足以為後進者的典範。

本書之出版目的，在將過去的教學經驗做詳盡的資料整理與書寫。由於筆者受教於美國餐旅州立大學（請見作者學經歷），從註冊營養師的角度開始學習職業傷害與人因工程，深深體會到工業工程的作業分析與數據計算，多麼有助於中央廚房的規劃與設計，足以減少時間與成本的浪費。

因此，本書有許多廚房／餐廳規劃步驟與作圖，雖然不能媲美專業設計師的規格與標準，但針對一位餐飲經營管理者而言，先前的準備功課將有助於後續的投資評估。敬請參酌。

筆者在此感謝家人、學生與五南文化事業的鼓勵與協助，更盼各界先進與前輩不吝指教，感謝！

輔仁大學　餐旅管理系

全中妤 謹誌

中華民國99年9月

CONTENTS
目 錄

CONTENTS
圖目錄

CONTENTS
表目錄

第一章

餐飲企劃之經濟功能與目的

　　許多餐飲業者的硬體規劃設計都想先從專業的角度來探討，尤其是(1)成本利潤 (cost & profit) 與(2)顧客需求 (customer needs)。以營利為目的的商業型餐飲業 (commercial foodservice system)，不但所規劃的廚房器材設備適用其特定的生產模式，可能餐廳設計的獨特性更具有行銷的功能。至於不以營利為目的的非商業型餐飲業 (noncommercial foodservice system)，其生產模式多屬制式，除了保持收支平衡外，員工的便利 (convenience) 與福利 (benefit) 就是公司的承諾。

第一節　餐飲企劃之經濟功能

　　一份完整的餐飲企劃案，目的在以精確詳盡的內容，明白地向投資者陳述經濟功能與目的。如果準備要經營的是一家以營利為目的的餐飲業，可以先從三個經濟功能 (economic functions) 來切入，考量其餐飲業實質的需求空間：

1. **生產的功能 (produce)**：一間大型專業的中央廚房，其功能是製作生產，不負責銷售與供餐服務，例如：空廚、中小學營養午餐、團膳/盒餐公司、網路團購業者、連鎖餐廳央廚、便利超商央廚、工業區供膳中心等。

2. **營運銷售的功能 (merchandise and retailing)**：有些供餐地點具備小型的復熱器材與低溫庫存設備，產品來自中央廚房的冷藏/冷凍半

成品，僅需完成加熱的功能即可交易販賣，例如：美食街、大專院校餐廳、連鎖餐廳、速食業者或咖啡餐車等。

3. **服務的功能 (service)**：為了滿足顧客用餐的舒適與空間的需求，業者必須準備適切的餐廳環境與器材設備。因此，從路邊攤的桌椅到豪華餐廳的專人上菜服務，都是一家餐飲業者必需先做的考量。

一般傳統的餐飲業多同時具備上述的三項功能，包括生產的廚房、販售點菜的櫃台和享用美食的餐廳。當都市投資的空間與預算有限時，廚房勢必將外移至交通便利的鄰近鄉鎮，由中央廚房生產冷藏/冷凍的半成品，物流配送至消費眾多的地點，簡單復熱即可交易販售。這就是連鎖餐飲業的經營模式，因為食材標準化與產品規格化有助於成本的控制，快速供餐與合宜的服務將增加餐廳的營業額。因此，經濟功能可以分開實現，但整體目的依舊以成本利潤為最大導向。

第二節　餐飲經營之需求與目的

不論是以營利或非營利為目標的餐飲業，它的出現與發展都必須滿足三方的需求，才能持續經營與生存：

1. **市場的需求 (market)**：為了工作和社交生活，很多人相約在外用餐論事，通稱「外食」。有些雙薪家庭忙於工作，父母攜帶現成熟食回家，用最簡易的方式復熱（微波、蒸煮），在最短的時間完成家人的「內食」供應，此乃「家庭代用餐」(Home Meal Replacement, HMR)。銀髮族退休後需要休閒與空間，與朋友相聚時總喜愛在安靜的餐廳享用美食。因此，現代人需要各種類型餐飲業的存在，目的在解決眾人的用餐問題。

2. **餐飲業員工的需求 (employees)**：在任何一個交易買賣的工作環境

中，第一大族群是外界顧客，第二大族群則是內部員工。員工最大的需求除了一般的薪資與福利外，還有衛生與安全的工作環境、充足的人力與適用的生產器材，這些需求常被主雇雙方所遺忘。

3. **經營者的需求** (management)：經營管理者的最大目的即是營利收入，如何減少成本與增加利潤都是思考的重點。餐飲業業的管理者最怕食物中毒的危機、員工的職傷意外或民事訴訟的牽連。總之，豐厚營收 (profit) 與永續經營 (survival) 永遠是經營管理者的理想。

第三節　餐飲企劃組員與建設步驟

1. 首先重點在需求概念 (need conceptual) 的形成。當投資與市場都認為此餐飲業在此時此地有存在的價值時，經營目標 (goals) 就必須先行條列，尤其是在執行的過程中應展現的準繩 (criteria) 與功能 (functions)。因為使用標準的模式 (modes)、方法 (methods) 與條件 (conditions) 可以加速達成預設目標，減少挫敗。經常考慮顧客需求的時間 (time)、地點 (place) 與現況 (situation)，可以滿足消費者的利益。

2. 為了達成目標與規劃，事先的可行性調查研究 (feasibility study) 必須開始進行。詳細說明請參考第二章內容。

3. 此外，小組成員 (team) 也必須開始編列，包括：老闆或業者 (owner)、建築/繪圖的設計師 (architecturer)、營造工程商 (builder)、器材設備經銷商 (equipment dealer)、室內裝潢設計師 (restaurant designer) 和現場經營管理者 (management)。更可加入：財務、法律與廣告行銷專家，甚至特殊功能硬體器材業者，以滿足老人、小孩或殘障人士之需求。

4.老闆或業者 (owner/pacemaker) 的工作：負責領導與決策，產生構想，維持團隊的效力，並進行投標事宜。帶領團隊討論：*What type of food should I offer? How will the food be made available to the guest? Is the building's exterior inviting? Is the restaurant USP (Unique Selling Proposition)?*

5.專業建築／繪圖設計師 (designer/architecture) 的工作：以其專業能力將經營者構想由企劃案書面變成設計圖或建築藍圖，準備建設。

6.專業營造工程商 (builder/construction) 的工作：以其專業能力將設計師的建築藍圖由平面變成立體，完成裝璜。

7.現場經營管理者 (management/operation) 的工作：有效管理的餐飲團隊開始進駐，將新興餐飲業導入正確的經營軌道，以品質、安全、營養和健康的食物來滿足消費者，完成業者的理想與目標。

第四節　餐飲硬體規劃之七大階段與作圖

詳細說明與製作請參考第二~七章內容。

1.**市場資料的收集** (fact-gathering)

　(1)市場調查 (market research)

　(2)構想初成 (institution design)

2.**整體空間預估** (determination of space requirement)

　(1)空間分配 (plot design)

　(2)廚房／餐廳劃分 (kitchen area vs. dining room)

3.**生產器材需求的預估** (determination of equipment requirement)

　(1)生產器材／設備數量大小評估 (preparation equipment selection)

　　Menu analysis, Equipment Needs, Bar Chart

　(2)生產器材／設備規格書 (equipment specification)

4. 廚房佈局的規劃 (development of the over-all kitchen layout)

⑴廚房工作區流程 (sections flow design)

Sections Flow Diagram, Activity-relationship Flow Diagram

⑵廚房工作區定位 (sections location design)

Relationship Chart, Activity-relationship Diagram, Space-relationship Flow Diagram, Evaluating Alternatives

5. 區域佈局的細部設計 (development of the detailed layout)

⑴廚房工作區器材／設備擺置細部設計 (work centers design)

Process Analysis, Cross Chart, Efficiency of Layout, To & From Tables

6. 餐廳桌椅擺置細部設計 (dining room design)

7. 佈局規劃設計的評估 (evaluation of the detailed layout)

⑴整體企劃書完成 (final project)

⑵企劃書審查與修正 (final evaluation)

第五節　餐飲硬體規劃的基本原則

1. 減少不必要的硬體/器材投資 (minimum investment in buildings, furnishings, and equipment)

2. 外觀大方合宜 (aesthetic appeal to customers and workers)

3. 預期營利與回收 (maximum profit and return on investment)

4. 簡化生產流程 (simplified production processes)

5. 物力與機器的生產有效 (efficient flow of materials and equipment)

6. 減少員工工作路程 (minimum employee travel)

7. 安全的工作環境 (safe working areas)

8. 減少時間／人力／物力的浪費 (minimum waste of time, labor, and

materials)

9.衛生的工作條件 (sanitary conditions in all areas of the facility)

10.減少人力支出 (minimum manpower requirements)

11.降低維修成本 (low maintenance costs)

12.管理有方 (ease of supervision and management)

第二章

開始著手餐飲企劃案

第一節　餐飲企劃案之寫法

　　一份完整的餐飲企劃案項目應如下列，目的在以精簡的內容，明白陳述經營的理念：

1. 公司經營宗旨
2. 具體目標與成果
3. 預設供應對象
4. 預定營業時段
5. 預定經營地點
6. 業種與業態的分析
7. 產品特色與包裝
8. 廣告行銷策略
9. 廚房空間與生產系統
10. 餐廳空間與服務方式
11. 硬體設計之作圖與模組
12. 工作進度（甘特圖）
13. 工作人員名單
14. 財務分析與預算表
15. 參考資料來源

第二節 餐廳經營及市場調查之重要性

　　早期的商人也許沒有明文規定所謂的「市場調查」(market research)，但歷年的經驗告訴他們，只要預先得知顧客的需要、喜愛、口味或習慣，可以提早準備正確的餐食與服務，獲得盈收。許多人在開業之初，一定會愼重地考慮其經營運作的要點，包括：產品、時間、地點、供應量、來客數、開銷與收支等。有人說：「賣東西給『誰』比賣什麼『東西』更重要」，因爲產品是根據消費者需求而製做的，當需求改變時，產品就會改變。因此，許多人會借助外界專業的「市場調查人」來執行這份工作，即多方收集數據資料 (data)，再做歸納分析整理 (results)，藉此幫助經營者做最後的決策 (make decisions)。

　　許多大企業的決策者多位居頂層，對於顧客的反應常常得不到直接的訊息，故市調是一項必要且經常要執行的動作。在整個市調過程中，工作應由調查員和經理一起策劃執行，因爲專業者比較懂得如何設計及評估結果，但經理才是眞正知道問題癥結及修正改過的舵手。如果測試不良，可以探討前因後果，加強觀察，進行再一次修正。很多人常常意氣用事，判斷錯誤，導致市調不但浪費金錢又浪費時間，故從事此工作必須非常愼重且客觀。

　　有些公司內部自行設立「市場諮詢系統」(Marketing Information Systems; MIS)，以專門人員及電腦設備持續做長期的市場調查分析，隨時更正經營行銷策略，效果十分良好。許多業者認爲時時掌握市場狀況與動向是必要的，甚至每年提撥銷售額0.1-0.2%做爲市調預算，因爲及早的診斷治療對於業者有極大的幫助。

第三節 餐飲經營市場之可行性調查

餐飲經營市場之可行性調查項目請參考表2-1 (p.16-21)：餐飲機構建設之可行性調查 (Feasibility Study) 細目，重點說明如下：

(一)目的與規劃 (Purposes & design)

餐飲業的存在價值，首先是它能滿足市場需求，即解決眾人的用餐問題。其次，它是營利單位，可以滿足參與人員的生活機能，例如薪資、福利、家庭和老年。當然更要滿足經營投資者的動機，即營利收入和永續經營。所以，理想目標和標準規格是開始啟動企劃案的動力來源。

此時，先要集合一群志同道合的伙伴，例如：老闆（投資者）、建築設計師、營造商、餐廳經營者、廚師、財管專家等，開始構思一分願景，例如：什麼型式 (what model)？什麼菜餚 (what dish)？什麼時段 (when offer)？在那裡 (where offer)？誰來吃 (who eat)？誰來做 (who cook)？誰服務 (who serve)？多少錢 (how much)？利潤可好 (how profit)？那種規格 (what standard)？誰來管控 (who manage)？緊緊抓住4W (what, who, where, when) 和1H (how)，在多次腦力激盪後，就可以開始進行下一步的調查分析。

(二)顧客的特質 (Customer characteristics)

探討消費族群可分二個方向進行：客源屬性（年齡、性別、在地、外來等），消費能力（職業、經濟水準、健康狀況、宗教信仰、消費期望等）。一般而言，一個餐廳的持久生存必須仰賴40-50%的固定客源，所以鎖定一些在地消費族群是必要的準備。一位日籍學者曾言：「顧客中3/10具有品味，1/10後知後

覺，6/10則是盲從」，所以餐廳管理者必須學習藉由心理學、市場學、行銷學的專業引入，先滿足相當比例的顧客後，加上持續努力與老客戶的口耳相傳，才能帶進新客穩定市場。

㈢地點的考量 (Selecting a site)

餐廳地點的選取可以決定成功與否，即使是非商業型餐飲業亦然，因爲地點位置牽涉到來客人數與消費金額。場地大小與生產量成正比，所以預估來客數可以計算餐廳空間（詳情請參考第四章）。形狀方正勝過不規則型，店面寬廣可以增加可見性，如果能延續過客眼光至少5秒鐘以上，搭配突出的外觀與吸引人的菜單，將可停止過客的腳步，進入餐廳。

交通方便且流量順暢可以帶動外來客源，理論上開車者會選擇鄰近5-7公里的餐廳；走路者則喜愛鄰近1公里內或最多步行10-15分鐘的地點。停車場是當下必須先解決的問題，正門出入口應有明顯的位置標示與停車優惠。

一個吸引人的店名和易接近的地點可以方便客人的記憶。愼選商圈的屬性，因爲辦公區的客源在中午消費，而住宅區則是在晚間。店面設計應具獨特性與易辨識性，尤其是在晚間的照明狀況下。考慮附近同業競爭對手的能力與業績，探勘未來勞動力的來源（服務生或清潔人員）。最後，注意大環境的影響，例如：公園、音樂廳、運動場有加分的效果；地震、下雨淹水、治安不佳可能就只有負作用了。所以，仔細的地點勘查可以幫助業者做合理的投資。

㈣業態的分析 (Business type)

以營利爲目的的商業型供餐系統 (commercial foodservice system) 包括：小吃攤販、一般餐廳、速食連鎖業、自助餐廳、飯店餐廳、外燴業者、咖啡廳酒吧等。至於商請外包業者（餐

食合約代理者，food contractor）協助生產經營者，亦屬於此區塊，詳細內容請參考第三章介紹。不以營利為目的之非商業型供餐系統 (noncommercial foodservice system) 多屬於制式生產模式，主要考量自家員工的方便性和福利性，例如：各級學校/公司行號／行政區／工業區／電子園區等餐食外包。因此，在確定該餐飲業的存在意義時，請以經營目的與後來具體成效為優先考量。

(五)業種的分析 (Business kind)

業種分析主要在探討賣什麼產品給消費者，例如：川菜、江浙菜、台菜、素食、日本料理、泰國菜、西式速食、牛排、漢堡、比薩……。建議先從顧客對菜單的喜愛調查做起，也可依老闆和合伙人的興趣或廚師的專長來決定。但是，菜單內容、供應份量、生產份數、供餐方式、成本計算、售價與營收百分比等則必須有詳細的計算，因為種種考慮都牽涉到整體空間、來客坐位數、廚房產能、採購庫存、生產/供應速率與時程等細項，任何誤失都會影響整體的營運。

(六)生產系統的認識 (Types of foodservice system)

餐飲業的生產系統有四大類 (Spears, 2000)，依生產單位所規劃的(1)採購／庫存方式，(2)製備方法／熟製程度，(3)冷藏／冷凍模式，(4)物流／供餐之時間與距離，(5)央廚空間大小／器材設備、(6)工作人員特質，(7)工作動線／流程等有相當比例的關係。所以，生產系統的廚房設計必須慎密考慮。

1. **傳統式生產系統** (conventional system; traditional system; restaurant-type operation)：一般餐廳都是請現場客人先點菜再製做，小型烹飪器材小量生產，在最短的時間和距離內完成服務工作，菜色新鮮可口是公認的事實，例如：鐵板燒、炸薯

條、熱炒小吃等。新鮮食材不需要冷藏冷凍，廚房雖小但器材種類多，師傅的手藝更必須經得起考驗。

2. **團膳生產系統 (commissary system)**：大量食物製備與供應是為了滿足大量人口在相同時間內的共同需求。中央廚房 (central production kitchen, CK) 備有大型的烹飪器材，在短時間內完成前處理、烹調生產、配膳包裝等工作，然後立即保溫運輸至各使用地點 (satellite/remote centers)。近程時間／近程距離可參考員工自助餐廳的模式，菜色在客人未來之前已設計且製作完畢，所以可以在同一時間內讓許多人一起享用熱餐。遠程時間／遠程距離可參考中小學營養午餐的模式，桶餐／盒餐在中午11:30前已製作裝配完畢，同學在12:00下課後就可以一起吃熱騰騰的餐食。大量食物製備必須預先規劃菜單，大量採購與庫存可以降低食物成本，人事費用亦比較簡單。

3. **現成餐食生產系統 (ready-food system; ready-prepared system; cook-chill system; cook-freeze system)**：此種生產模式亦需要中央廚房的規劃，且備有完善的冷藏／冷凍器材。長程時間／長程距離可參考航空公司機餐的模式，空廚師傅精心製作的佳餚，在裝配完畢後，必須先急速冷藏然後運至機上，當飛機遠離地面一段時間後，才由空姐復熱主餐，再搭配冷餐服務客人。許多連鎖餐廳亦採用相同模式，在中央廚房先完成某種程度的熟製後，將半成品冷藏送至各連鎖分店，經過簡單復熱加工即可賣餐供應。連鎖企業的生產除了可以降低採購／庫存／人事的成本外，亦可保存獨門秘方長久經營。

4. **便利食品生產系統 (convenience food system; assembly-serve system)**：此種生產模式亦需要中央廚房、冷藏／冷凍的大型生產器材和裝配系統的建構。便利食品的生產除了滿足便利商

店24小時的供需外，亦可在大賣場或超市販售。便利食品多屬於小型單份包裝的鮮食／冷藏／冷凍食品，只要簡易微波處理即可食用，它幫助許多現代人解決忙碌生活的飲食問題。

(七)經營與財務的分析 (Financial feasibility)

當觸及財務分析的問題時，首先要問的是：此餐廳的建築物是自建 (owing) 還是租賃 (leasing)？若是自建，其設計、建築、裝潢的費用不在話下，若是租賃，其合約租金與限時回收亦有相當大的壓力。一般而言，理想的淨利 (net profit) 百分比約佔總營業額的10-15%，食物材料費 (FC) 約佔30-35%，營業費用約佔50-60%（包括：人事費用30-35%，能源5-10%，房屋租金5-10%，設備折舊5-6%，管銷費用15%，稅金5%）。

如果該餐廳準備以租賃的方式開始籌劃，地點區域的租金必須開始調查，房屋仲介業或網路資訊都是很好的資料來源。其次是附近類似業者的營業觀察，每家探勘二日（假日/正常日），每次選擇該餐廳最忙碌的營業時間2-3小時，觀察項目（表7-1）包括：

1. **餐廳外觀、場地大小、可見度與裝潢。**詳細內容請參考第三節之介紹。此外，外立菜單或廣告是否具有吸引力？客人在外猶豫不進入餐廳的原因？

2. **餐桌空缺率 (vacancy %)**：先調查二人座與四人座比例，例如：雖然有10張四人桌，但是來客成雙成對，所以20個客人即無空桌。此時，餐桌空缺率高達50%；客席利用率亦只有50%（1-餐桌空缺率=客席利用率），餐桌空缺率過高將折損營業額的收入。

座位數與來客數如能保持一致最為理想（圖2-1），但見中午和下午常出現尖峰／離峰現象 (peak & valley)，中午客人

較多常有座位不足的遺憾，下午客人少又顯得浪費座位且無業績。所以，如何保持固定客源與來客率是空間與時間的重要考驗，建議鼓勵預約 (reserve) 的折扣，下午茶 (Tea Time) 的優惠，這些都是分攤來客數和滿足零空缺率的方法。

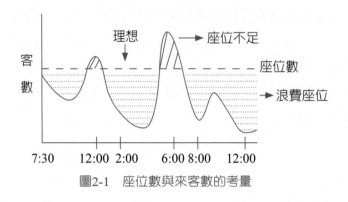

圖2-1　座位數與來客數的考量

3.**客轉數**（**翻桌率**；**turnover-rate**）：表示在一段時間內一個坐位被使用過的次數。此與客人用餐時間 (dining time) 有關，亦與服務生供餐的流暢性 (service cycle) 成正比。例如：客人早餐約用10-15分鐘，午餐約30-45分鐘，晚餐則約60-90分鐘。一般而言，自助餐廳每小時客轉數約1.5-2次，速食店約2-3次，一般餐廳約1-1.5次（表4-14亦可參考），豪華餐廳則約0.5-1次。客轉數頻率越高，表示營業額成正比成長。但，若客人進入餐廳後無人接待 (receive miss)，點餐與出餐有瑕疵 (order miss)，出菜與撤菜不順暢 (time loss) 等，都將延緩客人用餐時間，拖累下一批的供應流程，客轉數自然將因此而下降（圖2-2）。

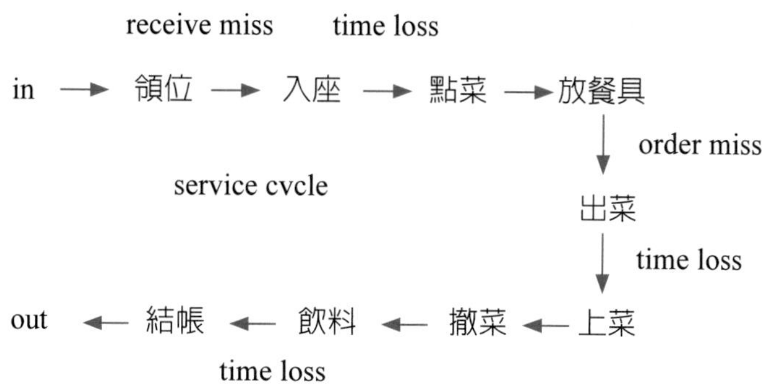

receive miss　　　time loss

in ⟶ 領位 ⟶ 入座 ⟶ 點菜 ⟶ 放餐具

service cvcle　　　　　　　　　↓ order miss

出菜

↓ time loss

out ⟵ 結帳 ⟵ 飲料 ⟵ 撤菜 ⟵ 上菜

time loss

圖2-2　供餐服務之週期與時間管控

4.營業額的估算公式：

⑴每餐供應份數 = 客數

⑵每位客人的基本消費額 = 客單價

⑶單餐營業額 = 客數*客單價 =（座位數*客席利用率*客轉數）*（品目數*品目單價）

⑷單日營業額 = 早餐營業額 + 午餐營業額 + 晚餐營業額 + 下午茶營業額 + 宵夜營業額

⑸單月營業額 =（假日營業額*天數）+（正常日營業額*天數）

例如：一家餐廳某日午餐時段 (2 hrs) 的客數為100人，套餐的客單價為200元，所以午餐營業額為100×200 = 20,000元。詳細計算亦可為：餐廳座位數80，客席利用率約65%，客轉數2，客人點菜約3樣（品目數 = 3），每個品目的單價約65元，所以某日午餐營業額 = (80*65%*2)*(3*65) = 20,280元。

單日營業額是早餐、午餐、晚餐、下午茶和宵夜營收的總和。單月營業額則是假日營業額（×天數）和正常日營業額（×天數）的總和。因此，一個餐廳的營業狀況是可以估算出來的。

5.產量的估算公式：

當完成鄰近業者的營業觀察後，必須重新回到自營餐廳的財務分析。一般而言，淨利約佔總營業額的10-15%，食物材料費約佔30-35%，營業費用約佔50-60%，詳細分類如表2-1「營業金額比例分配」。

表2-1　營業金額比例分配

食物材料費 (FC) 30-35%		
總營業額－食物材料費＝毛利		
毛利－營業費用＝淨利 (10-15%)		
營業費用50-60%	人事費用	30-35%
	能源	5-10%
	房屋租金	5-10%
	設備折舊	5-6%
	管銷費用	15%
	稅金	5%

營業費用中的房屋租金（5-10%）是很好的切入點，舉例說明：若是挑選中山北路某地點的50坪空間，月租3,000元／坪計，則每月租金為150,000元。若預估此筆租金佔總營業額的10%，表示每個月必須營收1,500,000元才得有利潤。若每月營業30日，則單日營業額至少為50,000元。若每位來客的基本消費額為500元，表示每日來客數應有100人才符合預算。因此，客數和單日營業額可以協助估算產量，進而規劃空間與設備（詳細說明請參考第四章內容）。

總而言之，構成一家餐廳的基本條件是：產品 (product)、人力 (manpower)、地點 (location) 和建築物 (building)；但要繁榮一家餐廳並保留客源卻是要靠：品質 (quality)、服務 (service) 和清潔衛生 (cleanness) 來維持長久。

6. RevPASH理論：可用座位的小時營業額計算

RevPASH（Revenue Per Available Seat Hour; 每可用座位的小時營業額）與座位使用率計算是餐飲收益管理中常使用的技巧，例如：首先確定各供應時段（1小時）與總座位數（100位），在6-7 pm來客數80，平均客單價250元，所以該時段營業額為20,000元，RevPASH計算為200元／位（計算方式：20,000÷100=200），座位使用率80%。當日總營業額為75,000元，RevPASH計算為150元／位（計算方式：75,000÷100÷5=150），座位使用率58%（表2-2）。

若將供應時間由平均60分鐘加速為55分鐘，客人數將從500允位數增至545.45位（計算方式：(60*5)÷55*100=545.45），進而提高每個可用座位的小時營業額從150元到159元（計算方式：RevPASH=((75,000+(45.45*258.6))÷545.45=159），因此增加有形收入。

RevPASH的演練可以提升餐飲業的產品供應與服務時效性，建議方法如下：提早熟製預備食材、加強廚房生產速率、增加點菜率與銷售額、提高上菜與服務速度、促銷新產品與回饋等。總之，員工效率管理是實質的功課，硬體規劃與動線流暢是成功的基石。

表2-2　每可用座位的小時營業額 (RevPASH) 與座位使用率計算

供應時段 Serving hour	總座位數 Available seats	供應客數 Covers served	平均客單價Perhead spend	營業額 Total sales	RevPASH (Rev. per seat hour)	座位使用率Seating efficiency
5-6 pm	100	30	200	6,000	60	0.3
6-7 pm	100	80	250	20,000	200	0.8
7-8 pm	100	100	300	30,000	300	1
8-9 pm	100	60	250	15,000	150	0.6
9-10 pm	100	20	200	4,000	40	0.2
Total	**500**	**290**	**258.6**	**75,000**	**150**	**0.58**

參考資料：Kimes, S. E., Chase, R. B., Lee, S. C., & Ngonzi, E. (1998). Restaurant Revenue Management: Applying Yield Management to the Restaurant Industry. *Cornell Hotel and Restaurant Administration Quarterly,* 39 (3): 32-39.

表2-3 餐飲機構建設之可行性調查 (Feasibility Study) 細目

1. 國家地區Country & State

經濟狀況Economics

消費趨勢Consume trends

旅行意願Travel intention

國際性代理促銷機構National promotional agencies

2. 社會現況Community

消費能力Consume ability

人口趨勢Population trends

瞬間交通流量統計Transient traffic statistics

大眾運輸設施Transportation facilities

地方觀光資源Local attractions

在地代理促銷機構Civic promotional agencies

地區性建築法規Zoning & building regulations

房地產稅率與評估Real estate tax rates & assessment

酒精飲料專利權Alcoholic monopolies

原物料／食材的供應來源Availability of materials & supplies

勞力／員工的供應來源Availability of common, supervisory & technical labor

人事費用趨勢Wage trends

勞工法要求Labor legislation

地區性災難危害記錄 Area disaster or hazard history

3. 地區性餐旅業考量Local Hotel & Restaurant Factors

現有業者設施Existing facilities

　(1)名稱和地點Names & locations

　(2)容量Capacities

　(3)現有服務與設施需求Present demand for services & facilities

　(4)住宿房間與餐食價格Prevailing room & food rates

　(5)連鎖或加盟企業Associations

　(6)職業學校合作Trade schools

　(7)地方度假區的發展Develop regional resorts

未來的競爭Future competition

　(1)其他餐旅業的進駐計劃Contemplated plans for other hotels & restaurants

　(2)擴大目前設施的周詳計劃Contemplated plans to enlarge present facilities

　(3)當前經濟的競爭Current competitive economics

4. 地點要求Zoning

目前地址Current zoning of site

大小坪數和形狀Size & shape of lot

表2-3　餐飲機構建設之可行性調查 (Feasibility Study) 細目（續）

使用權／許可證Use permits needed

建築物高度限制Height restrictions

建築物前線內縮Front line set back

建築物側院需求Side yard requirements

建築物後院需求Back yard requirements

標誌限制Restrictions on signs

停車需求Parking requirements

其他限制Other restrictions

5. 區域特質Area Characteristics

鄰居特質Type of neighborhood

商業屬性Type of businesses

商店租賃可能性Shop rental possibilities

客源成長模式Growth pattern

建築物理想模式Proposed construction

其他可考慮地點Other available sites

鄰近地帶特性Zoning of adjacent sites

6. 競爭對象Competition

類似業者數量Number of food facilities

座位數Number of seats

菜單供應類型Type of menu offered

服務方式Method of service

平均消費額Check averages

附設酒吧數量Number of cocktail lounges

飲料品質Quality of drinks

酒吧服務方式Bar service available

年銷售額Annual sales

7. 建築物尺寸與形狀Size and Shape

建地面積Total area

建築物高度Height

建築物寬度Width

建築物深度Depth

建築物面積Building area

建築物限制Building restrictions

停車位面積Parking area

其他空間需求Space for other requirements

表2-3 餐飲機構建設之可行性調查 (Feasibility Study) 細目（續）

8.能見度Visibility
視野距離Distances of sight from
正面標誌寬度Front sign width
左側能見度Left visibility
右側能見度Right visibility
對向能見度Across visibility
障礙物Obstructions
位置標示Location of signs
9.街道設計Streets
基本路面設計Basic patterns
寬度或巷道Width or lanes
路面鋪設材質Paved material
人行道與排水溝Sidewalk curbs & gutters
照明設備Lighting
公共交通系統Public transportation
警報監視系統Alarm system
鄰近可能噪音來源Disturbing noises from nearby installations
城市地圖標誌Map & sings of city
商店熱氣與空調排放Heat, ventilation & air conditioning exhaust
10.鄰近地理位置Position
往來餐廳與下列地點的距離 (distance) 與開車時間 (driving time)
城中心商務行政區Business district
工業中心Industrial centers
購物中心Shopping centers
住宅區Residential areas
運動活動Sporting areas
教育區域Educational areas
休閒娛樂區Leisure & entertainment
其他社區活動Other amusement & social life of city
11.交通資訊Traffic Information
往來餐廳與上列地點的交通資訊Traffic resources
自行開車Driving
預約專車Special order carrier
方便招攬計程車Taxi
附近有捷運 (Mass Rapid Transit; MRT)、地鐵 (Metro) 或公車 (bus)
步行可達Walk

表2-3　餐飲機構建設之可行性調查 (Feasibility Study) 細目（續）

12.周邊能源Utilities
下水道Sanitary sewer
天然氣管道Gas lines
供水管道Water lines
電力系統Electricity
暖氣系統Steam line
電腦網路與通訊系統Computer internet & other communication system

13.勞力來源便利性Availability of Labor
在地符合的員工 Local resources
外地短距離員工 Short distance resources
遠地特殊約聘員工 Long distance resources

14.環保安全服務Environment Services
警察治安品質Quality of security proof
防火安全品質Quality of fireproof
消防栓位置Location of hydrant
環保廢棄物處置方案Waste disposal methods
其他公共服務需求Other services required

15.建築物硬體Physical Characteristics
室內空調／通風vs.溫度／濕度Air-condition/ventilation vs. temperature/humilities
室外隔熱防晒程度Extent of heat insulation
預防地震Earthquake disaster protection
預防火災Fire disaster protection
預防水災Flood disaster protection
地面排水系統Surface drainage
節能減碳Energy efficiency & carbon reduction
綠色環保Green environmental
自然景觀Natural landscaping
其他Other features

16.公司股份所有權利益Local Equity Group
包括：資金 (capital)、身分 (identity)、責任 (responsibility)、關連性 (associations)、經驗 (experience)、獲取銀行和政府擔保的能力 (bank & government guarantee)

17.Financing Proposal 財務建議
購地成本Cost of land
建物成本Cost of building

表2-3 餐飲機構建設之可行性調查 (Feasibility Study) 細目（續）

装潢成本Costs of decoration

建構總成本Total capital required

鄰近租屋場地Rent sites nearby

相關稅收給付（不動產稅、營業稅等）Taxes payment

預估銀行貸款需要量Estimate amount of bank loan

預估投資金花費行程表Estimated time schedule for capital outlay

預估投資金回收行程表Estimated time schedule for capital return

政府規章及法律約束Government regulations & labor laws

18.餐廳內部規劃Restaurants Design

大廳和等待區的設計Lobby & waiting space

餐廳分隔區的類型／大小Numbers of type & size

酒吧／雞尾酒談天區Bars & cocktail lounges

舞廳／私人包廂Ballroom & private dining rooms

禮品商店和點心販賣櫃台Number of stores & concessions

男／女化妝間的數量／類型／大小Number, type & size of rest rooms

19.生產營運估算Operational Estimates

空間使用率Estimate of capacity utilization

舊客回流百分比Estimate % of permanent customers

新客招攬百分比Estimate % of new customers

開業費用及行政支出Opening & other organizational expenses

廣告行銷費用Advertising & promotion

公關津貼與折扣Proposed allowances & discounts

食物／飲料成本Cost of food & beverage

建議售價Proposed sales prices

預估銷售量Estimated volume of sales

員工薪資和保險福利Salary & insurance

其他收入：點心蛋糕、香菸、雜誌報刊、糖果／蘇打礦泉水、電話撥接、預約訂車等

20.結論和建議Conclusions & Recommendation

第三章

餐飲業生產供應系統的認識

第一節　供餐系統的業務

在第二章生產系統的介紹中，認識傳統式生產系統 (conventional system; traditional system; restaurant-type operation)、團膳生產系統 (commissary system)、現成餐食生產系統 (ready-food system; ready-prepared system; cook-chill system; cook-freeze system) 和便利食品生產系統 (convenience food system; assembly-serve system) (Spears, 2000)。不論那一類型的生產系統，它的主要任務就是由經營者製備餐食來服務消費者，以換取合理的利潤。產銷流程可從圖3-1：餐飲週期 (Foodservice Cycle) 做一個說明：

準備期與**生產期**是銷售前的準備工作，從食材的採購→驗收→儲存→撥發，到預製→烹調→保溫，其間的工作幾乎都是在廚房中進行。這一部分的工作量最重，時間佔據最多，人力也需求最大。除了製餐工作外，其他諸如清洗碗盤、廚餘回收、庫房管理等也都是這一段階段的支援後備。

當客人進入餐廳點菜時，交易的行為開始發生。除了供應餐食外，還要提供服務的工作，例如：茶水、倒酒、分菜、裝盤等。它的型式會依各種供餐系統的特色而有所差異，但基本目的都是在提供一個舒適合宜的用餐環境以滿足顧客的需求，最後以付帳的動作結束**銷售期**。

最後的**檢討**工作多發生在辦公室，成本計算與財務分析是重要的

指標，如何獲得更多的銷售利潤，就必須設計更美好的菜單吸引客群。唯有不斷地檢討改進，才有辦法贏得市場。雖然餐飲週期分期進行，但相互牽連，關係密切。以下各節將針對不同的供餐系統及餐廳／廚房特色做一說明。

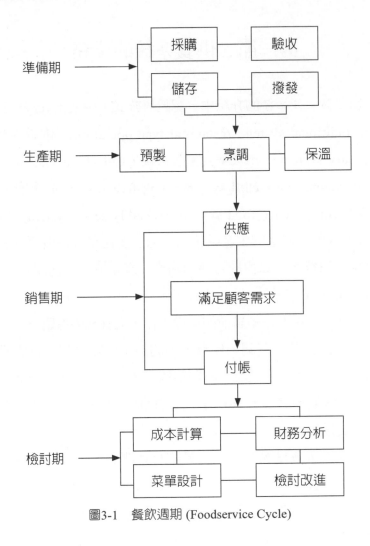

圖3-1　餐飲週期 (Foodservice Cycle)

第二節　商業性供餐系統

由於商業型餐廳的供應對象為一般大眾，所以在經營上有幾個特點：

1. 一切設計以迎合顧客的需求與喜愛為出發點。
2. 由於營利是餐廳經營的主要目的，故淨利百分比排名在前。
3. 雖然消費額高，但有較多的菜色選擇，享有較好的服務。
4. 業者會考慮顧客的交通、停車等環境問題。
5. 消費者講究用餐地點的裝潢、佈置與氣氛。
6. 業者通常會以特殊風味的菜餚來招攬客人。
7. 顧客在此停留的時間可能比較長。

雖然上述各點可能是一般商業型餐廳的共同點，但不同類型的餐廳仍各具特色，往往這些特色是固定客源的期望也是一般散客的吸睛點，所以要常常做好市場調查，以確定消費傾向和發展空間，否則盲目投資只是浪費資金而已。

(一)服務型餐廳 (service restaurants)

通常是指獨立式自營餐廳，具有餐桌服務 (full services) 的特色。預約的顧客依時到達，入座後根據菜單點菜，再由服務生將點菜單送到廚房交給專業的師傅製做，材料生鮮精美昂貴，菜色幾乎都是現點現做的 (from scratch; short-order foods) 的小量生產，所以廚房備有許多

圖3-2　餐桌服務式餐廳

小型的製備器材。顧客用餐時間較長，餐廳氣氛也較優雅，最適合宴客約會。有些餐廳甚至加裝表演舞台場地，不但提供食物，更提供娛樂項目。其他諸如包場宴會 (banquet) 或專業外燴 (catering)，也都是他們服務項目。因此，昂貴的餐食、專業的服務、華麗的場地、較低的客轉數 (low turnover rate) 和較高的小費 (high tips) 可能都是他們的營業特色了。

㈡商業自助餐廳 (commercial cafeterias)

自助餐型式就是將已製備完整的菜色呈列在顧客眼前，由消費者依喜好自行取拿再付費，所以自助餐的供應方式即：「由消費者外包服務的工作」。一般光臨自助餐廳的顧客，本意都希望在最短的時間，以最自由的方式取得便宜又合口味的菜色，可以省去許多服務細節與等待時間。因此，這種製餐方式不但簡易，而且能在極短的時間內供應大量的客人，廚房屬於中量級的生產，且備有一些中型的製備器材。有些肉品菜餚不可一次盡出，分批補盤可確保衛生安全。有些蔬果沙拉不可一次盛裝，分批供應可確保清脆可口。

由於自助餐的特色是以自己選菜的方式來消費，故一排亮麗、整齊、清潔的大型食品供應台將有助於呈現美味可口的菜餚，以吸引更多的取拿增加消費額。供應台的保溫設施 (hold-heated; hold-chilled) 溫度應符合HACCP (Hazard Analysis Critical Control Points) 的要求，燈光明亮，註有菜名及價錢的名牌要擺置明顯，讓顧客快速選擇，避免遲疑，以加速隊伍的前進。

如果入口處就已詳細標示各項菜名及價格，顧客可提早規劃菜單，減少取菜過程中張望的時間。一般而言，供應台的供應速度約在每分鐘5個人以上，速度太慢容易造成排隊冗長，速度太快又造成匆忙與草率，二者皆易失去回流的客源，故管理者應詳

細觀察行進的速度，調整每一個可能延緩的原因，例如：食物取拿不易、沒有單份的設計、供應器材不良或供應人員不足等。

蛋糕點心如果擺置在線前，常能吸引飢餓的顧客取拿，利潤自然增加。餐具如果放在線前，卻會有取拿過多浪費用品的現象，而放在線後又會影響隊伍行進的速度，故另區存放較爲適宜。

許多中式或歐式自助餐是**直線型** (straight line) 的排列，菜色不多，但結算簡便。如果是高級自助餐，菜色多得無法以一條線呈現時，可以用分區的方式讓客人選擇；稱爲**分散型** (scatter system)，客人可依自己的喜愛到各區取拿，不必排隊又可節省時間，非常適合一次供應大量顧客的宴會，也是時下流行的先付費再享用的buffet模式。總之，自助餐的供應講究經濟、速度和見貨付款的哲理，已經成爲時下最常見的消費模式了。

(三)飯店旅館的附屬餐廳 (hotel & motel's restaurants)

目前各大飯店除了24小時的客房送餐服務 (in-room dining) 外，其他爲客人所規劃的設施愈來愈多。本來飯店餐廳的設立只是爲住宿的客人方便而已，如今除了中餐、西餐廳外，更有大廳酒吧 (lobby bar)、輕食點心舖 (delice)、咖啡／茶館 (coffee & tea room)、會議室 (boardroom)、俱樂部 (clubs) 和宴會廳 (grand ballroom)。專業的會議室或演講廳也因應大眾需要而有所準備，設備齊全（例如：無限寬頻上網WIFI，多媒體設計 multimedia equipment等），場面浩大，更有專業設計的宴會菜單 (banquet formule)，因此有許多的人喜歡在飯店開會請客，一時之間竟成了飯店業的重要營業項目之一。

由於飯店業向以服務著稱 (24 hrs service)，對象是廣大的群眾，因此在供應系統上的設計從最簡單的便餐到豪華的宴會都必

須到位；亦即，一個飯店等於經營了好幾個不同類型的餐廳於一身。最理想的方式是飯店本身建立一個中央廚房來供應各餐廳所需的相同食物，例如：米飯、麵包等；甚至共同處理一些類似的預製食物，例如：蔬菜、水果、魚、肉等，最後再由各個獨立餐廳製作菜餚，甚至共同使用清洗碗盤、廚具的器材設備。如此可簡化整個飯店的供餐管理作業，更可縮小廚房用地面積，在規劃設計上較為有利。

有些飯店除了餐廳酒吧等供餐地點外，其他如零食販售店或販賣機等也應準備齊全，因為以服務為目的的飯店是不能讓任何客人僅為一瓶可樂而四處奔波尋找的。

(四)咖啡廳與酒吧 (coffee shops & bars)

咖啡廳和酒吧主要供應的是飲料，附帶的餐食或點心可能選擇較少，製法也較簡單，例如：三明治、漢堡、比薩、客飯等，只要新鮮可口，供應迅速方便就是最佳的服務。吧台上的飲料機、咖啡機、調酒器材等是不可或缺的工具，吧台下的冷藏冰箱和製冰機更是必備的器材。

由於客人來此的主要目的在享受空間或約談事情，故餐廳的氣氛是設計重點，流通的空氣，足夠的燈光容易給人溫馨舒適的感覺。坐位的軟硬與吧檯的高低常能突顯特殊效果，故在設計時不妨多考慮消費者的類型與習性。廚房的設施較為簡單，以能復熱半成品或

圖3-3　咖啡廳外觀

製備簡餐為原則。餐廳中若陳列美味的蛋糕/甜點展示櫃，將更能增加消費收入。

㈤速食業餐廳 (fast-food operations)

速食業在所有供餐系統中最明顯的特色即：食物經濟 (economic) 與用餐方便迅速 (high service speed; convenience)。點餐的方法多在櫃台進行，顧客依喜愛選擇項目，如果是套餐將更能加速取餐的時間。速食業採取即時製備與小批供應的模式，故顧客等待的時間不長，付款後即可自助用餐。由於包裝食品的材質都是可丟棄的紙製品，故用餐後的剩餘物處理簡便，甚少有回收清洗的用具。因此，速食店廚房的生產模式為：大量的冷藏／冷凍設備以儲存半成品 (ready-to-cook foods)、少樣的烤箱／油炸鍋等製備器材來完成高效率生產 (high productivity)、菜單種類少 (limited menu choice)、不需清洗回收碗盤、沒有餐桌服務等，所以人事費用較低 (low labor cost)。

速食業簡單有效的供餐程序，還有其他不同的形式：如果顧客是開車族，可直接行至戶外窗口點餐、付款、提餐後再開車離去 (drive-through)，例如漢堡/炸雞速食店等。顧客也可以步行入內，點餐後攜餐離去 (walk-up or take-out foods)，例如熟食外帶等。另一種常見的方式則是顧客用電話叫餐，送餐者將食物送到家後才付款交貨 (delivered foods)，例如外送比薩等。總之，一切設計都是以方便顧客為出發點，唯有在盛裝食物的

圖3-4　速食店外觀

材質及保溫設備上，供應者應仔細設計以保存食物品質，或方便顧客做再加熱的處理。

　　一般速食業的用餐面積甚小，坐位不多，顧客用餐時間短，用畢即離去，故翻桌率高 (high turnover rate)。此外，由於製餐方便，隨時都可供應，故營業時間可長達24小時，幾乎分不出較明顯的用餐時段。論其價值，它確實為現在的忙碌人提供了一個重要的用餐方式。

㈥空中餐點 (air-line feeding)

　　航空公司與各起降機場的地面中央廚房均保有供餐的合約關係，每家航空公司為了保護他們的機餐特色，主管人員常到世界各國空廚考察，以確保應有的水準。為了配合飛機的飛行時刻，及飛機上人員與乘客的用餐安全，空廚的製餐非常講究時間表及清潔衛生。因為匆促的製餐可能無法與飛機起降時間配合，粗心大意又容易引起食物中毒的危機，故空廚的製餐不但要嚴謹，還需符合美食的要求，各家航空公司無不挖空心思來設計菜單，目的就是希望能以精美的餐點來招攬乘客青睞。

　　空廚的規劃一如中央廚房，各工作區分工精細，器材設備完整，由於每次製餐常有數百份之多，一日之內，也有數批次的進度，故需要大量生產，再做裝配線 (assembly line) 的個別排餐包裝，完成後的餐盒以急速冷凍或冷藏的方式保存，按照時間表依序送上飛機。乘客用餐前由空服人員以烤箱來加熱主菜，最後再組合盤餐進行供應，故機上的飲食除主菜是熱食外，其他麵包點心等皆為冷食。除了正餐，飛機上另備有點心、水果、酒類等副食的供應。

第三節　學校的供餐系統

　　由於學生一整天的時間幾乎都在學校，午餐也就顯得格外的重要。一頓正常的餐食不但能提供學童的營養所需，更有機會培育良好的飲食習慣。學校的供餐對象主要是學生，少數為教師與職員。在供餐系統上屬於大量食物製備的一種，以下就學校餐廳的特色做一分析說明：

1. 由於餐廳多位於學校內，或直接在教室用餐，基於學校的行政規定和經費限制，一般而言，學校的供餐設備比較實用，人事與資源也比較簡單。
2. 由於供餐目的在便利學生不在營利，故價格便宜，食物成本百分比雖高，但不希望降低營養午餐質與量的設計。
3. 因為要在短時間內供應大量的學生用餐，故器材尺寸較大，保溫設備也比較多。
4. 菜單簡單，多半是已設計好的循環套餐。為了要節省供應的時間，有時最多只有一至二樣的選擇而已。
5. 餐廳內常使用工讀學生，幫忙擔任分菜、打卡或清潔打掃等工作。
6. 收費方式依學校制度略有不同，如果用刷卡的方式表示大家都同票/同價/同食物，速度較快，否則以自助餐方式選菜付費，拖延的時間較長。
7. 學校餐廳常使用耐用的器皿、餐盤和桌椅，地面不但要防滑還要容易清洗。
8. 學校需要設計完整的餐盤回收清洗系統，以免餐盤瞬時大量湧入，工作人員措手不及。

(一)中小學學童的營養午餐 (primary & secondary schools)

學童在幼年時期的群體用餐模式，不但可以培養正確的飲食習慣，還可以學習營養與衛生的常識，是一舉數得的紀律訓練。目前中小學營養午餐屬於非營利性質，供應學生已延伸至十二年的國教，確實是團膳公司的商機。

如果學生人數眾多，佔地空間允許，理想是由學校自己成立餐廳與廚房，不但有營養師規劃菜單，更有專業廚師負責製備，是一套非常完整的供餐系統。目前中小學營養午餐的供應模式多為：⑴團膳公司以盒餐或桶餐方式配送，⑵團膳公司現場承包進駐，⑶烹材／副食配送至學校伙食團，⑷烹材／副食配送外加代膳服務等。有些偏遠地區或規模較小的學校，無法負擔專業人員及設備時，各大型學校或專業的中央廚房就承擔起支援的角色，方法是將統一製備好的食物以良好的保溫或冷藏設備迅速運輸至各個學校，再由各學校進行加熱或直接分餐以供應學童午餐，最後將所有使用過的餐盤器皿運輸送回原地，交由大型清洗設備處理。如此，被支援的學校不但不需負擔一切硬體與人員，還可享受同樣價值的食物，這就是教育單位與團膳公司中央廚房的利機，實在值得借鏡與效法。

用餐的地點可能在餐廳或在教室，食物可能是現場以桶餐分配或以餐盒方式呈現，低年級多半使用固定的套餐，高年級的學生則可能有選菜的機會。總之，一切的設計都是在希望學童能享受到低價且健康的午餐，以培養更茁壯的下一代。

(二)大專院校的供餐設施 (campus food services)

青年學生在課業與生活上的延伸範圍較廣，時間安排也比較自由，故校內的供餐方式選擇性較多，以滿足學生不同的需求。一般校內的自助餐廳是為學生的用餐便利、迅速和節約所設計

的，有的可以開放給外界，有的只針對住在本宿舍內的學生。如果是開放給大衆的，就不適合使用刷卡式的收銀系統，通常食物較爲精美，價錢也較高。如果是學生住宿大樓的附屬餐廳，由於用餐者單純，管理上以經濟方便爲原則，有時學生分擔職務，以降低人事費用，通常菜單設計較爲簡單，且食物成本佔大部分營業額。總之，校內自助餐應清潔、衛生且營養才符合基本的設立目標。

有時學生餐廳附設福利社或販賣機，供應學生飲料、點心和文具用具等物品。由於餐廳是個社交的場所，它的地理位置必須詳細考慮，若距離教室或宿舍過遠，極易降低學生的用餐意願；若距離過近，吵嘈的聲音可能又會妨礙上課的品質，故獨立式建築物或地下室是比較好的設計。餐廳可能是學生最喜歡去聊天的地點，故一切設備要以耐用易清洗爲原則，四人坐的桌椅可方便學生移動排列，最爲理想。其他如洗手台、自助式餐具取拿、廢棄回收物處理等設施亦應列入考慮，讓學生以自助且互助的方式來維持整個餐廳的清潔衛生。

學生午餐的時間約從十一點半到一點鐘，尖峰時刻的人潮不但造成取菜的擁擠，更會釀成餐盤回收的阻塞。取菜區的設計應保留排隊的空間，用刷卡的方式或套餐的設計，可減少學生付錢及選菜的時間浪費，否則分列隊伍爲二至三條線亦有助疏導人潮。另外，餐盤回收窗口在尖鋒時刻亦有大批髒碗盤的接收問題，利用輸送帶可以延長堆放的面積和時間，將有助清潔人員的工作效率。一條長約十公尺的輸送帶可立於餐廳內（亦可放在清潔區內），爲美觀起見，輸送帶二邊不妨加裝護欄以免碗盤在行進中滑落，是比較衛生的設計。

校園中設立咖啡廳有助於約會與休閒，不但適合學生活動，

亦可做為教職員休息的場所。室內裝潢清雅舒適即可，不需要過度的包裝。咖啡廳除了供應飲料外，便餐及點心也是可考慮的項目。一些外訂的蛋糕或水果點心，可以提高下午茶的營業額。但簡餐多是現點現做的產品，例如三明治或炒飯類，可能消費額較高。

學校中常見行政或學術單位有會議或研討會等實例，所以會議中心、演講廳的場地與硬體設備是必備的。若有宴會聚餐的項目，學校單位可延請外燴廠商支援設施、餐具、菜單與服務人員。有些大型學校增設會館來招待外賓及校友，有些則成立學生活動中心，目的都在擴展師生的集會活動場所。

第四節　醫院的供餐系統

在醫院中負責所有餐食供應與管理的部門是營養室 (dietary department)；主要的供應對象包括：⑴普通飲食 (normal diet) 的病人；⑵特殊治療飲食 (therapeutic diet) 的病人；⑶醫生護士等工作人員；⑷對外營業的餐廳，以服務病人家屬及探訪親友。總而言之，醫院的供餐設計主要在協助病人療養康復，由營養室負責規劃菜單，並在質與量的分配上做專業管控，所以食物新鮮、簡易、營養、清潔、衛生又安全，這就是營養師對病人的另一份重要職責。

醫院廚房的空間約區分為二部分：主廚房 (main kitchen) 與治療飲食間 (therapeutic diet kitchen)。主廚房規模最大，負責製備普通病房及員工餐廳所需的大量共同食物；例如當日菜單、米飯、饅頭等，所以食材生料多新鮮進貨，現場也備有大型製作與保溫器材。廚房的另一區為隔離的治療飲食間，負責製備某些病人只能食用的流質或半流質飲食，使用一些免洗餐具以杜絕傳染的可能，故此區的空間與設

備不與主廚房流通，成為一個獨立式的製備中心。

　　一般病人都在病房內用餐，他們是不宜至公眾餐廳進食的。所以醫院的餐廳約可分為二種，一是對內非營利性的員工餐廳；一是對外營利性的客用餐廳。至於對外營利性餐廳多為外包業者，除了提供內部員工選擇性購買外，主要目的在便利病人家屬及探訪親友，常見湯麵、炒飯、速食等簡餐，亦可備有小廚房製作合菜，以爭取更高利潤。

　　普通飲食病人的餐食在製備完成後，必須先配膳再送到病人手中，一般配膳的方法有二種：

1. 統一配膳

　　在主廚房中設置裝配線 (assembly line)，工作人員按照醫師／營養師的指示，將設計好的菜餚分別排放在每個病人的餐盤中，最後將餐盤放入設有保溫裝置的餐車中，再分別送至各樓層的病床前。這種方法節省人工，管理容易，品質也比較一致，唯餐車必須設計精良，確定有保溫與防震的功能，尤其是輪腳的煞車裝置，否則在運輸過程中極易造成食物的損失。

2. 分區配膳

　　在每層大樓內設置一間配膳間，食物由主廚房製備完成後，先整批送至大樓的配膳間，再進行小規模的裝盤分配。在配膳間可裝設加熱系統以防菜餚變冷，故從配膳間出來的食物溫度較高，菜色擺盤也較精美。唯每層樓的設備器材必須增加，費用昂貴，管理不易，所以實行起來比較困難。有些私立醫院甚至加設小型餐廳，鼓勵病人在用餐時間內，儘量走路到各層樓的餐廳享用，如此不但食物鮮美，互訪的過程中亦可增加活動，減輕病床的無奈，倒是一個值得鼓勵的方式。

　　近年來，由於歐美各國的大量膳食供應系統因勞工短缺或成本過高而有所修正，他們使用**製備-冷卻供膳系統 (cook-chill** foodservice system) 來取代傳統式的製備與供應。此方法乃是先將食物依照設計規格製作完成，急速降溫後包裝冷藏或冷凍，依供膳時間表，定量取出解凍加熱，最後再進行分膳的工作。如此一來，廚房的員工可以正常上下班，假日亦可休息，只要廚房有少數的工作人員，醫院就不乏食物的定期供應。重點是為了要配合冷卻、冷藏及加溫的手續，必須增加許多昂貴的器材，無形中提高了廚房的固定成本。此外，中國餐食向來重視現點現做的新鮮與高溫，再加熱的食品不易保有原來的風味，所以製備-冷卻供膳系統有時在某些地區是不易實施的。

由於西式餐點中包含有沙拉、點心等冷食，故有些餐車的設計只要在定點加裝電熱板來加熱主食即可，效果十分良好，唯整個餐車的可容量變小且價格昂貴。反觀傳統式的保溫餐車，短距離功能無差，但長距離插電保溫，持續加熱與水汽累積可能會讓菜色損失不少，故餐車的設計仍是供膳系統的重要挑戰。

第五節　公司或工廠的供餐系統

大型工廠或公司的員工伙食常被廠方視為員工福利的項目之一，所以餐廳與廚房的硬體設備、水電能源多由公司支付，廚師聘雇及菜單設計則請外包廠商執行，由公司的伙食委員團負責監督。所花費的食物材料可能由廠方全額負擔，也可能由員工部分攤分。由於大部分的工廠一旦開機後，極少關機休息，在機器運轉的同時，讓員工分批用餐，可減少公司生產的損失。所以，公司或工廠的供餐系統目的在福利而不是營利，方便員工用餐，避免買飯盒蒸飯之苦。

福利性餐廳的食物成本約等同販售價格，多半以套餐或簡餐的方式呈現，極少有自助餐的選擇，以減少時間的浪費。一般供應時段

為午餐，如有加班或三班制，亦會製作早餐或晚餐供應。此外，員工福利社的備品與點心飲料等也是不容忽視的空間設備。在餐廳與廚房的硬體設計上，一切以實用易清理為原則，並不講究豪華。當然，有些公司另備有對外的商業性餐廳或咖啡廳，此類設計可依公司需求而定。

第六節　便利超商與販賣機的未來

便利超商 (convenience store) 和販賣機 (vending machine) 可銷售的食物種類越來越多，包括：鮮食便當、冷凍/冷藏食品、飲料、點心、糖果、咖啡等。這些可食現成品 (ready-to-eat foods) 多來自食品工廠或鮮食的中央廚房，只要有完整的冷藏、冷凍及加溫設備，從冰淇淋、三明治到全餐供應都可被執行妥當。便利超商和販賣機的出現減少了昂貴的人工服務，常見消費者購妥餐食後，只要利用微波烤箱自行服務即可。

另一種販賣機的全餐加熱則較為複雜，因為販賣機內加裝烤箱設備，當顧客點餐組合後，機器先將需要加溫的食物迅速烘烤，再承接冷食/沙拉一併送出。從機器中選菜組合是一種理想，可讓消費者有更多的搭配，唯等待的時間可能較長。中央廚房的單份食品包裝必須縝密，販賣機冷藏系統必須完善，定期填裝食物，適時維修保養，以確保食品的衛生與安全。

在許多大都市裡，當人們忙著工作而無暇到餐廳用

圖3-5　便利商店外觀

餐時，便利超商和販賣機就成了他們最主要的食物來源。可惜在購買的過程中，常需準備一些現金或零錢，十分地不方便，所以有心的業者已聯合發行一種特定的磁卡，只要機器掃瞄刷卡就會自動消去卡中的金額，方便顧客取拿，節省時間。

　　總之，販賣機可以說是人與機器間最完美的組合，便利超商則是現代人24小時不可或缺的餐食褓姆。在愈來愈昂貴的人工世界裡，利用機器來供應食物將是一項不容忽略的趨勢了。

第四章

整體空間預估與分配

第一節　餐廳空間預估的前提

在一個供餐機構的空間分配上，請把持二個原則：一是有效利用空間，避免分配不當，造成時間與工作上的浪費。二是經濟效益，即以最少的空間換取最大的效能，避免不當的建設，浪費資金做修改的工程。只要能從大處著眼，小處著手，時時不忘基本的原則與目的，相信在空間的利用上將會有一個比較理想的設計。

當完成餐飲經營市場之可行性調查（第一～三章）後，企畫案的構想已逐漸明朗，但是小組成員仍要不停地反問自己：

1. 顧客希望得到什麼樣的菜單才會感到滿足？
2. 每餐的菜色約有多少選擇性？
3. 供應份數與來客數是否能夠預估一致？
4. 本供餐機構在最忙碌時段能夠供應的最大份數是多少？
5. 那種製備模式可以滿足最大的生產需求？例如前製、烹調、供應等。
6. 那種協力資源可以簡化最多的生產需求？例如採購、庫存、配送等。
7. 那些服務的方式或能力可以勝任顧客的要求？
8. 廚房的最大容許空間是多少？
9. 餐廳的最大容許空間是多少？
10. 可曾預估顧客與員工的衛生設施或私人空間？
11. 可曾預估顧客、廠商、員工的交通與停車問題？

第二節　空間分配的原則

在分配整體空間 (space allocation) 時，無論那一個供餐系統都必須先認識一些眞正佔據空間的實體，例如：

1. 人的空間 (space needs for people)

一個員工在廚房工作時所需要的空間（站立且使用雙手），通稱爲「工作範圍」(work area)。從人因工程的角度，一位中等身材、男性、身高168公分的站姿，雙手交集正常使用的空間約在116.5*82公分，雙手最大伸展範圍約爲175*132公分，其工作範圍不超過1坪（3.31平方公尺；182*182公分），女性可縮減10%的面積（圖4-1，圖4-2）。表4-16：中外長度、面積度量衡換算表，可協助計算。

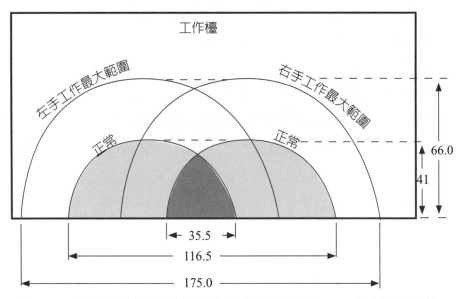

圖4-1　一般體型男性坐姿最大及正常工作範圍（女性少10%，數字以公分計）

參考資料：Almanza, B.A., Kotschevar, L.H., & Terrell, M.E. (2000). Foodservice Planning: Layout, Design, and Equipment", 4th ed. Prentice-Hall, Inc.

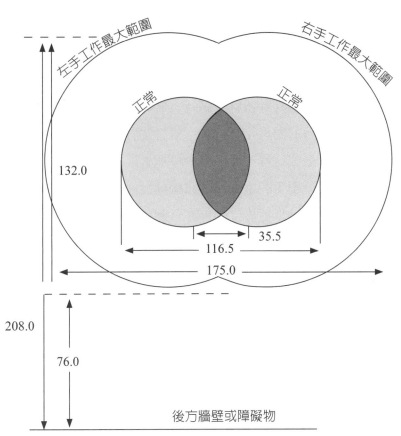

図4-2　一般體型男性站姿最大及正常工作範圍（女性少10%，數字以公分計）

參考資料：Almanza, B.A., Kotschevar, L.H., & Terrell, M.E. (2000). Foodservice Planning: Layout, Design, and Equipment", 4th ed. Prentice-Hall, Inc.

　　無論在餐廳還是廚房，員工因工作需要而佔據一些空間，所以合理的工作範圍與環境是每一個員工的基本要求。如果分工精細，員工不必來回移動，固定的區間可以減少許多游移的空間浪費；否則員工活動範圍加大，不但造成流動亦容易引起意外與傷害。

　　廚房是一個緊密的生產地區，如能提供雙手正常工作空間，可算理想。切記離下一物體或牆壁應保有76公分左右的安全距離（圖4-2），以減少手部受傷。如腰部以下放置機器設備，雙腳固定，並不會影響其工作範圍的大小。

2.器材設備的空間 (space needs for equipment)

　　無論大型立式或小型桌上器材，在廚房中都佔有一席之地，此外還有水槽、工作桌、盤架推車 (mobile carts) 等，亦佔據相當比例的空間。在規劃採購器材設備時，最好能做整體的配套設計，或使用規格較一致的器材相互併聯。器材擺置應視工作流程而定，隨意放置不但會造成流程不便，亦會增加員工不必要的路徑距離。

　　建議將高低不平的重型機器靠牆擺置，相似或等高的小型機具可以背對背放置，以節省空間，亦可避免長短不齊的稜角造成工作傷害（詳情請參考第五章第四節）。此外，諸如烤箱、蒸汽鍋等高溫/高壓等生產器材，在規劃空間時亦應保留開門取拿的散熱面積（至少1.2公尺），減少燒燙傷的危機。工作桌下方抽屜或上方置物櫃，使用時亦應保留取拿的空間。

　　單面使用的工作桌至少應深76公分，雙面使用的工作桌則保持100公分寬，桌長基本為120公分。桌面可視需要加長，但需添加足夠支撐的桌腳。工作桌與器材設備的後方與下方應保留45～60公分的清潔空間，方便搬移打掃。表4-1之廚房器材設備的空間預估，可協助規劃廚房的硬體空間。

表4-1　廚房器材設備的空間預估（參考資料整理）

器材設備 (equipment Items)		尺寸 (dimensions)	
型式 (type)	容量 (size)	公分 (cm)	英寸 (in)
壓力蒸氣鍋 (steam-jacketed kettle; SJK)			
1台，固定式 (stationary)	30 gal (114 L)	91.4×83.8	36 width×33 depth
1台，旋轉式 (turn-union)	30 gal (151 L)	91.4×83.8	36 w×33 d
蒸櫃 (steamer, steam cooker)			
1台	3 compartment 2-pan wide	91.4×83.8	36 w×33 d
瓦斯爐台 (range top)			

表4-1　廚房器材設備的空間預估（參考資料整理）（續）

器材設備 (equipment Items)		尺寸 (dimensions)	
型式 (type)	容量 (size)	公分 (cm)	英寸 (in)
1台，西式	4口爐	91.4×83.8	36 w×33 d
烤箱 (oven)			
1台，雙層旋風式 (convection) 烤箱		96.5×111.8	38 w×44 d
1台，傳統式多層烤箱	3層 (conventional)	138.4×91.4	54 1/2 w×36 d
煎板爐 (griddle)			
1台		91.4×61.0	36 w×24 d
攪拌機 (food mixer)			
1台，桌上型 (bench)	12/20 qt (11/19 L)	61.0×91.4	24 w×36 d
1台，直立式 (floor)	30/60 qt (28/57 L)	61.0×91.4	24 w×36 d
發酵箱 (proof box)			
1台		137.2×61.0	54 w×24 d
冷藏／冷凍設備 (refrigerator)			
1台，直立開門式		167.6×91.4	66 w×36 d
1台，步入型		243.8×477.5	96 w×188 d
工作桌 (table)			
單面，熱廚		243.8×76.2	96 length×30 w
單面，冷廚		182.9×76.2	72 1×30 w
單面，麵包房		243.8×76.2	96 1×30 w
單面，點心房		182.9×76.2	72 1×30 w
水槽 (sink)			
熱廚 (2 compartments, 2 drain boards)		203.2×61.0	80 w×24 d
冷廚 (2 compartments, 2 drain-boards)		223.5×61.0	88 w×24 d
麵包房（3 compartments, pot & pan, 2 drain-boards)		381.0×61.0	150 w×24 d
廚房鍋鏟器材架 (pot rack)			
		182.9×61.0	72 w×24 d
食材陳列架 (food rack)			
		50.8×76.2	20 w×30 d
廚房多層推車 (kitchen cart)			
2 2-shelf		61.0×76.2	24 w×30l
切片機推車 (slicer stand)			
		61.0×91.4	24 w×36l

3. 食物存放的空間 (space needs for food)

　　食材是餐廳作業的主要原料，從驗收、庫存、製作到供應，食物總是佔著相當大的比例；尤其是乾庫房、冷藏／冷凍庫幾乎是為材料的堆放而準備的空間。因此，庫房管理人員必須常常檢討新舊貨源，以準備庫房空間的挪移，參考因素如下：

(1)**食物種類**：新鮮蔬果（未處理）比冷凍蔬果（已處理）佔據較多空間。

(2)**包裝狀況**：包裝成箱的物品易於堆放，比袋裝或散裝的食物來得節省空間。表4-2的冷藏/冷凍食材的庫存空間預估，僅供參考。

(3)**採購政策**：大批採購以供長期使用的貨品，雖然節省成本，但在庫房中所佔據的空間比較浪費。合約性的採購加上定期密集的送貨，可以保障成本、使用新鮮貨源和節省庫房空間。

(4)**使用頻率**：可以帶動庫存的替換率，數據資料的計算有助於採購量的預估，例如：當日的新鮮魚產必須清早進貨；可供一星期食用的蔬果可以隔週補貨；長期備用的乾物料則可視最小庫存值發出訂單。

　　所以，食物的庫存大小與其經營管理方式密不可分，縝密的採購政策與庫存管理系統都足以保持食物存放的最小空間與最安全的庫存量。

表4-2　冷藏／冷凍食材的庫存空間預估（長、寬、高度）（參考資料整理）

材料種類 product	包裝方式 package	容量 Capacity		高度 Height		寬度 Width		長度 Length	
		wt./ vol.	kg	in.	cm	in.	cm	in.	cm
冷藏食材									
奶油butter	box	64 lb	29	12	30	12	30	14	36
起司cheese	wheel	20-23 lb	9-10	7 1/2	23	13 1/2	34		
蛋類eggs	case	45 lb	20	13	33	12	30	26	66

表4-2　冷藏／冷凍食材的庫存空間預估（長、寬、高度）（參考資料整理）（續）

材料種類 product	包裝方式 package	容量 Capacity		高度 Height		寬度 Width		長度 Length	
		wt./vol.	kg	in.	cm	in.	cm	in.	cm
奶類milk, 10 gal	can	80 lb	36	25	64	13 1/2	34		
人造奶油 margarine	box	60 lb	27	10	25	14	36	17 1/2	44
肉類meat, portions	tray	40 lb	18	3	7.6	18	46	26	66
蘋果apples	box	35-40 lb	16-18	10 1/2	27	11 1/2	29	18	46
蘋果apples	carton	40-45 lb	18-20	12	30	12 1/2	32	20	51
莓類berries	crate	36 lb	16.3	11	28	11	28	22	56
櫻桃cherries, grapes	lug	25-30 lb	11-14	6	15	13 1/2	34	16	41
柑橘類citrus	crate	65-80 lb	29-36	12	30	12	30	26	66
柑橘類citrus	carton	45-65 lb	18-29	11	28	11 1/2	29	17	43
包心菜cabbage	crate	50-80 lb	23-36	13	35	18	46	22	56
花菜cauliflower	crate	40 lb	18	9	23	18	46	22	56
芹菜celery	crate	55 lb	25	11	28	21	53	24	61
生菜類lettuce	crate	40-50 lb	18-23	14	36	19	48	20	51
生菜類lettuce	carton	40 lb	18	10	25.4	14	36	22	56
蕃茄tomatoes	box	30 lb	13-14	7	18	13 1/2	34	16	41
冷凍食材									
冷凍液體蛋 liquid eggs	can	30 lb	13	12 1/2	32	10	25.4		
冷凍水果fruit	carton	5 lb	2.3	3	7.6	8 1/4	22	12	30
冷凍果汁fruit juice	case	12/ 30 lb	850 g	6	15	12	30	16 1/2	42
冰淇淋ice cream, 2 1/2 gal	carton	20 lb	9	10	25.4	9	23		
冷凍肉類meat	carton	10 lb	4 1/2	2 1/2	6.4	9 1/2	24	13 1/2	49
冷凍蔬菜 vegetables	carton	2 1/2 lb	1.13	2 1/2	6.4	5	12.7	10	25
冷凍蔬菜 vegetables	case	12/2 1/2 lb	1.14	10	25.4	10	25.4	16 1/2	41

4.交通走道的空間 (space needs for traffic)

　　無論是工作人員的往來、顧客的進出都需要走道空間的設計，甚至食物在製備與供應的過程中，亦需要相當比例的傳送空間。在廚房的工作區中，如果工作人員只徘徊在桌子與機器之間從事生產者，這些走道稱為「工作道」(work aisles)。如果有一些空間是留給不同工作站或工作區之間當做聯接管道的，則稱為「交通道」(traffic aisles)。工作流程的設計愈順暢，可以發現員工不需要折返跑，「交通道」的需求面積就會縮減。

　　在考慮「交通道」寬度時，若干條件應同時列入，例如：單人不拿物時，走道寬度約60公分，單人雙手拿物則保持在76公分左右。若是有載物推車通行，走道寬度約等同推車的寬度加一個路人側身寬度30公分；共約100公分。如果工作道與交通道合用，寬度則應增加為120公分。通常在廚房中一定保有一條主幹道 (main traffic lane)，由於它同時供人／貨交流，故寬度應保持在150公分以上較為安全。

　　雖然走道空間並非生產單位，但基本的流動寬度仍是不可忽視的。當論及員工走道寬度與兩旁障礙物高度時，發現庫房貨架高度接近頭部，走道略寬（90～120公分）可以方便搬運物品。廚房工作桌或器材高度約在員工腰部，所以「工作道」寬度在60～70公分即可，足夠雙手的揮動（圖4-3）。如果二個人背對背工作，「工作道」寬度至少應保持在120～140公分之間較為安全。

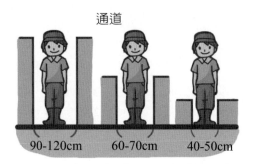

通道

90-120cm　　60-70cm　　40-50cm

圖4-3　員工走道空間與兩旁障礙物高度關係

第三節　廚房空間的預估

如果將整個供餐機構當做一個100%的空間單位，它約可分為二個主要部分；一是用餐地點，稱為**餐廳** (dining area)，它所佔的空間約為整體的50%。另一個則是製餐地點，又名**廚房** (production area; kitchen)，它大約佔30%。至於其他部分則包括辦公室、庫房、員工休息區等，合計約20%。

此與學界另一種說法雷同：The restaurant kitchen is approximately one half the size of the dinning room. 即，廚房大小的預估約佔整體空間的1/3左右。這些只是一個大概的粗估，至於詳細的比例就依各個供餐單位的型式與目的而定。總之，為了使製備空間能在合理的範圍內做最大量的生產，設計之初就應對本身的條件做詳細評估，考慮範圍主要集中在供應份數、製作方法、生產時間與經營型態上。此外，新產品與新機器的引入，持續的廠商/客戶的市場調查，大量數據資料分析，需求與供應的平衡等，都可以幫忙設計者找出最合理的空間預估與餐廳/廚房比例。以下就從各角度做一詳細介紹。

(一)從供應份數預估廚房大小

供餐份數可以幫忙預估廚房的面積大小，從一些實驗與調查的參考數據中發現，製作100人份的餐食，面積約需46-93平方公尺（表4-3），當份數增加時，廚房所需面積不會等比增加反而減少。例如：生產1,300人的產量是100人份的13倍，但廚房面積（302 m^2）卻只是100人（46 m^2）的6.6倍而已。這是因為相同的製備方法與器材可以在量上做重覆性生產，卻不需要擴大面積，故愈大量的製備生產（產能），在相同的空間應用上愈顯得有效性。

表4-3　供餐份數與廚房空間的預估（參考資料整理）

供餐份數	m² / 單份製餐面積	廚房總面積 (m²)	廚房總面積（坪）*
100-200	0.465	**46**-93	13-28
200-400	0.372	74-149	22-45
400-800	0.325	130-260	39-78
800-1,300	0.279	223-362	67-109
1,300-2,000	0.232	**302**-465	91-140
2,000-3,000	0.186	372-557	112-168
3,000-5,000	0.170	511-859	154-259

* 1坪 = 36 sq ft = 3.31 平方公尺 = 1.82公尺 * 1.82公尺

(二)從供餐類型預估廚房大小

不同的供餐類型在製作方法與供應程序上有顯著的不同；像醫院/工廠/學生自助餐等團膳生產供應的地方，菜單可以選擇的項目較少，故菜餚都是一次大量製作。反觀一般的商業型餐廳，菜單項目繁多，都是客人點了菜才小量烹調，所以不同的製備方法不但產能不同，就是在廚房面積的需求上，也有相當大的差異。

從表4-4依然可看出，當供應份數增加時，每份製餐面積（m² / 單份）不會遞增反而減少，這是因為同樣的工作重覆進行。一般大量食物製備的廚房需要的面積較大，商業性餐廳甚至速食業就會比較小些，尤其是採用半成品或冷凍食品當做材料者，所需的加工面積更是精簡。唯醫院的廚房所需空間較大，這是因為供應裝配線設施及治療飲食間設立所增加的面積，此乃醫院特殊需求的用地考量。

表4-4　供餐類型與廚房空間預估（m^2／單份製餐面積）

製餐面積	預估每小時供應最大量			
供餐類型	200以下	200-400	400-800	800-1300
醫院伙食	1.67-0.42	1.11-0.42	1.02-0.42	0.93-0.37
工廠伙食	0.68-0.47	0.37-0.28	0.33-0.19	0.28-0.19
商業自助餐	0.70-0.47	0.47-0.37	0.37-0.33	0.33-0.28
學校自助餐廳	0.37-0.31	0.31-0.20	0.28-0.19	0.23-0.15
一般商業餐廳	0.09-0.37	0.47-0.33	0.47-0.33	0.47-0.28
速食業	0.70-0.19	0.19-0.14	_____	_____

參考資料：Almanza, B.A., Kotschevar, L.H., & Terrell, M.E. (2000). Foodservice Planning: Layout, Design, and Equipment", 4th ed. Prentice-Hall, Inc.

　　表4-5是另一種廚房面積的概算表，它是在某種條件成立時所具有代表性的意義。一般建議都是希望廚房用地大小符合近期產能即可，如果將來有括展的需求，可參考各表格之最大值設定。

表4-5　各型廚房面積概算表（參考資料整理）

廚房類型	廚房面積	條件限制
小學（廚房自立）	0.1m^2／學童	學生人數700～1,000
小學（中央廚房）	0.1m^2／學童	學生人數10,000以上
醫院	0.8～1.0m^2／每床	300床以下
工廠	餐廳面積 $\times \frac{1}{3} \sim \frac{1}{4}$	用餐客轉數1次
學生宿舍	0.3 m^2／住宿生	50～100人
旅館飯店	0.3～0.6 m^2／旅客	100～200人
商業餐廳	餐廳面積 $\times \frac{1}{3}$	_____
速食業	餐廳面積 $\times \frac{1}{5} \sim \frac{1}{10}$	_____

(三)從器材設備預估廚房大小

　　在第一章第四節的餐飲硬體規劃之七大階段中，可以從第三階段「生產器材需求的預估」（包括：菜單分析、器材需求記錄、器材需求條狀表、生產器材／設備規格書）來預估生產器材

尺寸和設備數量，進而估算廚房的大小。首先將菜單中每道菜的供應量詳細算出，再乘以預定製作份數就形成最大的產量。仔細評估將要使用的器材大小與數量，再配合製作生產的時間表，即可確定將要採買器材的數量及尺寸（請參考表4-1），如此一一繪製在圖上，配合「工作道」與「交通道」的寬度，亦不難模擬真正需要的廚房面積大小。雖然這是一步較爲複雜的方法，但在實用性與正確度上卻是十分有利的，至於內容及案例將在第七章詳細說明。

㈣從食物材料看庫房大小

首先從貨架的尺寸來計算，貨架最高不宜超過1.8公尺，最低層則應離地20～30公分做爲清潔打掃除濕的空間。貨架深度以伸手取拿方便爲原則，一般約在40～60公分，至於層與層之間的距離則視材料的種類而定，否則就製作在30～45公分之間爲宜。庫房貨架間的走道因常使用手推車當作運輸工具，故其寬度應保持在1～1.2公尺最爲理想。儲貨時，貨與貨之間可用夾板隔離，否則就保持5公分左右的空隙，一來可流通空氣，二來便於取拿與管理。

庫房面積的小型計算可利用表4-6方法學習，步驟如下：

1. 首先必須確定單份餐的食材重量 (weight per meal) 做爲一計算單位；0.23公斤/單份餐。
2. 若單日供應份數爲10，庫存週期爲10天，則此期限內的總餐數爲100（單日供應份數*庫存週期天數）。
3. 用單份餐重量乘以總餐數就得到總重量 (total weight)；0.23*10*10 = 22.73公斤。
4. 用總重量除以食物密度（45.00磅／立方呎；722.35公斤／立方公尺）就得到總體積；0.03立方公尺。

5. 用總體積除以貨架高度（0.46公尺），就得到所需佔據的庫房地面面積；0.07平方公尺。

6. 用庫房地面面積除以貨架寬度（0.23公尺），就得到貨架長度；0.30公尺。

7. 由於貨架只是倉庫的一部份，另外還有走道或其他設施的存在，故再除以一個空間使用率，就可概算整個庫房的大小面積。

表4-6　庫房空間預估

	英制數據	英制單位	公制數據	公制單位
單份餐重量	0.50	磅	**0.23**	公斤
單日供應份數	10	-	10	-
庫存週期天數	10	-	10	-
總餐數（單日供應份數×天數）	10*10 = 100		**100**	
總重量（單份餐重量×總餐數）	0.50*100 = 50	磅	**22.73**	公斤
食物密度	45.00	磅／立方呎	722.35	公斤／立方公尺
總體積（總重量／食物密度）	50/45 = 1.11	立方呎	**0.03**	立方公尺
庫房地面面積（假設貨架高度＝1.5呎；0.46公尺）	1.11/1.5 = 0.74	平方呎	**0.07**	平方公尺
庫房貨架長度（假設貨架寬度＝0.74呎；0.23公尺）	0.74/0.74 = 1.00	呎	**0.30**	公尺

註：1呎 = 0.30公尺；1磅 = 2.2公斤

參考資料：Khan, M. (1987). Foodservice Operations. Westport CT: AVI Publishing Company.

表4-7是另一種簡易的計算公式，方法與表4-6雷同，舉例可參考使用：

表4-7

庫房面積 $= \dfrac{\text{單分餐食物體積} \times \text{當天供應份數} \times \text{庫存週期天}}{\text{貨架高度} \times \text{空間使用率}}$
1.乾庫房：庫存量-14天使用週期，每日供餐-1,000份 　　乾庫房面積 $= \dfrac{0.004\text{m}^3\ /\ \text{餐} \times 1,000\ \text{餐}\ /\ \text{天} \times 14\ \text{天}}{1.8\text{m} \times 50\%} = 62.2\text{m}^2$
2.肉類冷凍庫：庫存量-7天使用週期，每日供餐-1,000份 　　冷凍庫房面積 $= \dfrac{0.002\text{m}^3\ /\ \text{餐} \times 1,000\ \text{餐}\ /\ \text{天} \times 7\ \text{天}}{1.8\text{m} \times 40\%} = 19.4\text{m}^2$

參考資料：Katsigris, C. & Thomas, C. (1999). Design and Equipment for Restaurants and Foodservice. New York: John Wiley & Sons.

根據資料整理，專家建議每100份供餐就應保有0.42～0.57立方公尺的冷藏/冷凍空間，亦有專家建議每單份餐的冷藏/冷凍空間應保持在0.007～0.009立方公尺之間 (Pavesic, 1985)，這些數據均可做為預估冷凍/冷藏庫大小的參考。如果廚房中加設步入型的冷藏/冷凍庫 (walk-in refrigerator)，所考慮的總面積將加大許多，因為最小尺寸的步入型冰庫長/寬也在2.44*3.05公尺之間，故需要做進一步規劃。

至於乾庫房的預估，由於可放入之貨品不但種類繁多，用法也不一致，故較難有近似值的推算。專家建議，每日若供應100～200份餐，乾庫房可預留5.5～7.3平方公尺的空間，每日200～350份餐則預留7.3～11.4平方公尺的空間，每日500～750份餐則預留11.0～28.0平方公尺的空間 (Lawson, 1994)。以上數據，僅供參考。

(五)從員工數預估工作空間大小

　　理想的工作空間是維持個人雙手最大伸展範圍（175×132公分），無奈廚房是一個窄小的生產空間，除了器材、設備、走道和存貨外，5個員工分享1.68坪工作空間是常見的情形。一般而言（表4-8），每100位客人約需5-6位廚師在廚房從事製備工作，再搭配1-2位助廚清潔廚務。至於外場則需要8-9位服務生幫忙供應。

表4-8　員工人數與廚房建議配給空間（參考資料整理）

員工數	廚房建議配給空間 (m^2)	廚房建議配給空間（坪）*
5 or under	5.58	1.68
5-10	9.30	2.81
10-20	13.95	4.21
20-30	20.93	6.32

* 1坪 = 36 sq ft = 3.31 平方公尺 = 1.82公尺×1.82公尺

(六)從供應份數預估驗收區大小

　　由於驗收區是一個後備單位，不宜浪費整體空間，所以庫房管理人員必須詳細規劃送貨時間與數量，安排廠商依序進入品管驗收區，表4-9建議配給空間，第五章將有詳細說明。

表4-9　每日供餐份數與驗收區建議配給空間（參考資料整理）

供餐份數／日	建議驗收區空間 (sq. ft.)	建議驗收區空間（坪）
200-300	50-60	1.38-1.66
300-500	60-90	1.66-2.50
500-1000	90-130	2.50-3.61

* 1坪 = 36 sq ft = 3.31 平方公尺 = 1.82公尺*1.82公尺

(七)從洗碗設備看清潔區大小

　　洗碗工作可以用人工亦可用機器。當供應份數不多時，人工方式的洗滌不但投資便宜，所需的空間也小，但這只針對極小規

模的供餐系統而言。至於大型機構由於單餐份數較大，需要清洗的餐具倍增，因此必須使用洗碗機設備，否則無法完成清潔衛生的工作。

洗碗機的種類以單門式 (0.76×0.91m^2) 的體積較小，連續性輸送帶式 (2.13×9.14m^2) 較大。雖然如此，洗碗機本身所佔據的空間遠不及髒碗盤堆放準備上架清洗的空間，或淨碗盤堆放待移走存放的空間。那些碗盤所放置的桌面，在未清洗的區段稱為髒盤區 (soiled-dish table)；在清洗完後的桌面稱為淨盤區 (clean-dish table)。一般建議，前段桌面可佔總桌面的40%，後段則約佔60%，至於過量的碗盤可借助碗籃推車等器材做暫時性的存放。

選擇洗碗機的大小視餐廳供應份數而定，家庭式桌下型洗碗機，每小時約可處理50～80份的餐具；立式單門型的機器其清洗量則約在每小時200～250份，較大的雙槽式洗碗機則有450～1,000份容量。一般在醫院、學校或工廠的大型供餐地區，常使用連續性輸送帶式的洗碗機，只要人工將碗盤籃放入輸送帶上，機器就會自動完成一切清洗、消毒、烘乾工作，由於是連續性運轉，故清洗量每小時可達1,000～3,500份，甚是龐大。總而言之，愈是大型的機器，周邊設備也愈多，相對的面積需求量也會增加。在考慮每一個工作人員的活動空間時，相互之間保持0.84～1.02平方公尺的範圍較不會顯得壅塞。

除了洗碗機外，廚房中將使用過的鍋盆刀鏟等器材另闢一處清洗，由於器具尺寸不一，許多餐廳仍使用三槽式人工方法來處理。清洗鍋具的水槽比一般洗手槽來得深廣，尺寸約為寬60公分，前長70公分，下深30-36公分，底高60公分，槽高96公分，預留約3.74平方公尺的範圍最為理想。另外還有清洗推車、餐車、垃圾桶等活動器材的地點，設計一類似洗車場的地面凹槽，

四週加裝擋水簾隔間，用高壓噴水系統可將運輸工具做定期清洗與消毒；醫院營養室尤為重要。

㈧從員工福利看公共設施大小

　　員工都希望在衛生與安全的環境中工作，最基本的衛浴設備理應提供。一般每6～8個人應裝設一洗手台，每12～15個人應有一間廁所馬桶，至於浴室則視需要而定。總而言之，如果員工以20人來計算的話，建議保留空間約為：廁所10m²，浴室10m²，更衣室10m²。此外，每位員工應擁有私人的衣櫃以便保管個人物品，高度以能勾掛長褲衣服為原則，深度約50公分。

　　員工休息室的設立視排班狀況而定，室內除了一般桌椅外，休息用的收納躺椅可列入考慮，建議男女休息室分開設立。員工餐廳可以提供一個舒適的用餐環境，每個人1.12平方公尺的空間應屬理想。

　　至於辦公室的規劃則視不同需要而定；如果是大型人多的專業辦公室，以4個人為一單位約需21～23平方公尺的空間。如果是加設在製備區（廚房）中做為監督管理之用，不妨用10平方公尺的空間做為2個人的暫時辦公室，建議地面抬高約一公尺，方便高度巡視，這種小型辦公室的通風設備很重要，隔間可採用玻璃材質，才不會縮小整體的空間感。

(九)各型廚房工作區空間百分比

表4-10介紹四種類型供餐系統的餐廳與廚房空間百分比，數據僅做參考：

表4-10　各型餐廳廚房工作區空間百分比

項目	商業餐廳		自助餐廳		速食業		醫院	
	m^2	%	m^2	%	m^2	%	m^2	%
總面積	447	100	529	100	223	100	488	100
餐廳	223	50	212	40	111	50	88	18
供餐區	36	8	111	21	40	18	107	22
製作區	94	21	95	18	27	12	138	28
庫房	36	8	42	8	18	8	58	12
清潔區	31	7	37	7	11	5	49	10
員工設施	18	4	21	4	11	5	24	5
辦公室	9	2	11	2	5	2	24	5
供餐份數／時	320份		450份		250份		175床↑	
座位數	200位		200位		100位			

參考資料：Almanza, B.A., Kotschevar, L.H., & Terrell, M.E. (2000). Foodservice Planning: Layout, Design, and Equipment", 4th ed. Prentice-Hall, Inc.

第四節　餐廳空間的預估

一般而言，餐廳大小約佔整個供餐機構的50～70%，裡面除了座椅與走道外，還包括餐桌、供應台（或服務台）、酒吧、洗手間和裝潢佈置等。就經營業者的角度而言，當然希望所有的空間都排上桌椅供應更多的客人，但從美觀與氣氛的觀點來看，許多陳設與佈置仍屬必要。至於餐廳到底應該有多大？下面是一個簡單的公式可當做參考：

餐廳空間＝（座椅面積／客席）＊客數

根據上列公式發現，每個客席的座椅面積乘以來客人數就可以概

算出餐廳空間，此法只能暫時粗估來客容量而已，因為餐桌大小不詳，座椅尺寸不一，尤其在排列組合上，空間與裝潢的變數也極大。因此，以下將就各個可能的影響因素做一詳細介紹：

(一)從供餐類型看席位大小

在第二章已針對顧客的類型進行市調訪查，對象是成人居多，還是兒童？男人居多，還是女人？因為不同體型的客人對座椅的舒適感有不同的要求，為了滿足顧客在坐時的舒適感，成人需要的空間約是1.11平方公尺；兒童則是0.74平方公尺。通常只要不讓顧客感到擁擠不便，尺寸空間是可以調整的。

然而，不同的供餐型態所提供的席位就略顯不同，原因是：自助式餐廳多由客人自行取菜與送洗碗盤，故用餐空間宜大，以方便進出。服務式餐廳多備妥固定的座位由服務生上菜撤盤，客人伸展面積可以減短，但為了舒適豪華，增加坐位的寬度也未嘗不可。由於吧檯的旋轉高腳椅需要四方活動的空間，所以相對的面積也比較大些（表4-11）。

表4-11 供餐類型與席位尺寸 (m^2)

類型	平方公尺／席位
工廠／學校自助式餐廳	1.11～1.39
商業自助式餐廳	1.49～1.67
餐桌式服務餐廳	1.39～1.67
包廂式服務餐廳	1.11～1.49
吧檯式餐廳	1.67～1.86

參考資料：Almanza, B.A., Kotschevar, L.H., & Terrell, M.E. (2000). Foodservice Planning: Layout, Design, and Equipment", 4th ed. Prentice-Hall, Inc.

餐桌桌面的大小亦會影響用餐的方便性與舒適感，例如：自助餐多以拖盤承接碗筷，故方型四人座餐桌，每邊的桌長以能容納一個托盤長度加兩個托盤寬度為原則（例如20 + 40 + 20 = 80

公分）。小型餐桌節省面積，適合快餐或速食店使用，豪華餐廳就必須使用大型桌面以容下較多的盤具。用餐時為求舒適，餐桌高約65～70公分，成人椅子高度約40～45公分（幼兒椅子高度約50～55公分），深度約36～40公分，寬度約43～60公分。桌底與坐墊高度相距約30公分（幼兒23公分）較無壓迫感（圖4-4）。餐桌形狀與桌面的長寬尺寸請參考表4-12。

圖4-4　餐桌椅尺寸

表4-12　餐桌形狀與長寬尺寸（公分）（參考資料整理）

種類	形狀	小型(公分)	寬度型（公分）
1～2人座	正方型	61×61	76×76
	長方型	76×61	91×76
	圓型	76	91
3～4人座	正方型	76×76	107×107
	長方型	107×76	122×91
	圓型	91	122
5～6人座	長方型	152×76	183×107
	圓型	122	152

吧台的桌椅比一般類型高些，高約76～91公分，椅高約45～76公分，深度約36公分，踩腳高約23公分。每個座位寬約36～46公分（圖4-5）。每個酒保可服務8～10人，過多的座位不妨以U字型的排列來代替一線形（圖4-6），以減少服務生往返的路程。

圖4-5　吧台桌

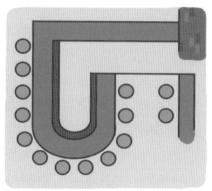

圖4-6　U字型吧台排列

　　包廂中的桌子由於單面靠牆，故長度不宜過長以方便侍者上菜撤盤，一般約在120*168公分左右，桌長約120公分，桌寬約76公分，椅深約46公分（圖4-7）。

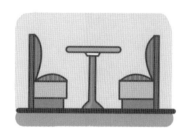

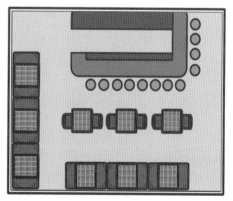

圖4-7　四人座包廂桌椅尺寸

　　客人拉椅入座需要走道，服務生上菜擺盤也需要走道，這是座椅尺寸之外另一個必須考慮的空間。一般客人入座長度（椅深36～40公分＋膝蓋）約40～50公分，離席的長度（站起來＋推開椅）增加15～20公分，故「座離道」(customer access aisle) 長度應保持55～70公分。入座後椅背與鄰桌椅背之間至少應相隔46公分以方便他人或服務生走動，稱為「服務道」(service aisle)。若服務生需要用推車進出，主道 (main aisle) 的寬度則增加至120～140公分左右。

　　在自助餐廳由於是自行服務的設計，出入頻率高，故客人進出桌椅之間的寬度應保持在90～140公分之間較為方便。總之，餐廳的動線設計應考慮客人與服務生的路徑 (guests & server flow patterns)，兩者之間應保持距離，減少相互碰撞的機會（圖4-8），尤其是客人與客人之間（A點），服務生出菜/撤盤的進出入口（B點），或客人前往洗手間的路段（C點），都是優先考慮的交通重點。

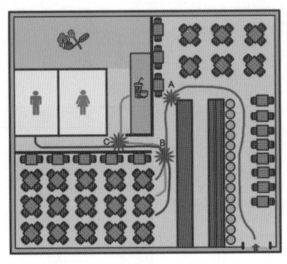

圖4-8　客人與服務生動線牴觸點

參考資料：Baraban, R.S. & Durocher, J.F. (2001). Successful Restaurant Design, 2nd ed. New York: John Wiley & Sons.

餐廳中的服務台或供應台 (waiter station) 是提供客人餐具、菜單、茶水的主要地點。每20～30個座位應設置一簡單的服務台，每50～75個座位則可設置一個較大型的供應台，它不但能立即給予顧客基本服務，更可直接提供廚房的熱食（例如：熱湯、麵包、咖啡等）。小型供應台的尺寸約50～60公分寬、91～97公分高；大型的供應台則可寬至2～3公尺，高1.5公尺以上；類似吧台。

㈢桌椅擺置與空間排列

在還沒有正式擺入桌椅之前，應先對整個餐廳的空間做一詳細策劃。首先將空間平面圖繪好，再用等比例的桌椅小模板或立體模型在圖面上做多次的排列組合，注意桌椅之間的距離及走道的空間，如此反覆測試直到發現最有效率且最美觀的陳列方式為止，才算設計完成。

四方型餐桌以斜方式排列(B)比直方式(A)來的節省面積（圖4-9，A&B)，如果將二張桌椅換成靠背式的長沙發則可多增加四個人的座位，或改變成二排包廂則可增加八個人的座位（圖4-10，C&D)。紙上作業可以輕易找到最佳的排列方法，也更能有效利用空間。

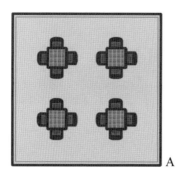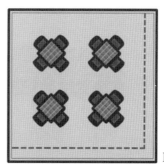

A　　　　　　　　　　　B

圖4-9　四方型餐桌的排列

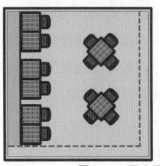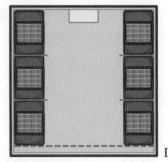

圖4-10　四方型餐桌或包廂的排列

參考資料：Katsigris, C. & Thomas, C. (1999). Design and Equipment for Restaurants and Foodservice. New York: John Wiley & Sons.

　　有時，簡單的矮牆或盆景可以劃分座位區，減少走道的空間與疏離感（圖4-11）。包廂的設計可以跳脫傳統的排列，波浪型沙發區的包廂設計不但節省空間，亦可營造另一種不同的空間感覺（圖4-12）。桌型可以有別於方型或圓型的束縛，座位亦可有奇數 (3～5) 的擺置，樓面可以藉由3～4個階層 (multiple floors) 來增加層次感與視覺效果。總之，桌椅擺置與空間排列是可以在預設的範圍之內。

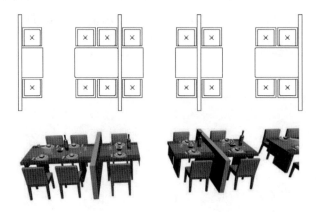

圖4-11　矮牆或盆景的功能

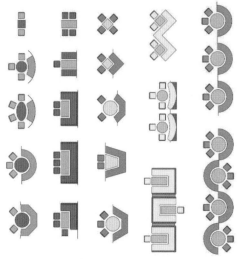

圖4-12　波浪型沙發區的包廂設計

　　此外，桌椅種類與數目視餐廳的經營方式而定，在自助餐廳；尤其是學校或工廠的伙食，用餐的人數幾乎都是成群結隊的，即使是四方型的桌子也會被合併為長桌，所以在設計時，不妨就加入些六人坐或八人坐的長桌椅以供所需。至於服務式餐廳或咖啡廳，來的客人多是2～4位，就算每張四方桌都被佔據，真正的使用率也不過是50%～75%（座位使用率=〔該時段用餐人數÷餐廳座位數〕×100%），這對整個餐廳的經營是虧損的。所以在設計之初，應多考慮顧客的型態來調整桌子的數量與種類，從表4-13可一窺各式餐飲業在二人座與四人座的桌子比例。

表4-13　餐廳型態與桌子種類比例（參考資料整理）

餐廳型態	二人座桌子%	四人以上座桌子%
豪華餐廳	60	40
飯店餐廳	60	40
家庭式餐廳	25	75
咖啡廳	80	20
速食店	40	60
學校自助餐廳	30	70
工廠自助餐廳	10	90

任何一個餐廳都希望桌椅能被充分被利用以達到滿額的供餐量，設計良好的桌椅比例可以把空缺率 (% of vacancy) 降至最低。一般而言，餐桌服務式餐廳空缺率約在20%，自助餐廳約在12～18%，櫃台／吧台也有10～12%，這些數據算是相當合理的比例，如果所設計的餐廳桌椅空缺率高過於它，就表示桌椅種類與餐廳不合，需要做調整了。

㈣客轉數與坐位數

所謂「客轉數」(turnover rate) 就是一個座位在一定的供應時間內被佔據過的次數。如果將客轉數以一小時來計算的話，用它乘以椅子數就可知在那一小時中所供應的份數，公式如下：

（客轉數／時）＊座位數＝（供應客數／時）

如果將公式反過來計算，亦可利用預定的供應份數及預估客轉數來算出應準備的座位數。用來預估「客轉數」的變因很多，例如：菜單樣數過多或份量過大會延長用餐的時間，過多的服務及宴客表演也會降低此餐桌被再使用的機率。一般用餐時間的預估：早餐約10～15分鐘，午餐約30～45分鐘，晚餐則約60～90分鐘（請參考第二章第三節）。若再加入點菜與等候，或排隊選菜的時間，往往會延長預定的用餐時間，少則10分鐘，多則長達小時。最好的預估方法是詳細紀錄用餐者從入座到離席，一切用餐過程及時間，多次反覆統計後，就可正確地估算出一般佔位時間，最後用某段供餐時間來除，即可算出大概的客轉數。公式如下：餐廳供餐時間 ÷ 客人用餐時間＝客轉數

無論如何，客轉數不僅可用來預估坐位數和來客數，亦可調整營業額的多寡。表4-14餐廳型態與客轉數僅供參考。其實，餐廳的桌椅可多方使用，例如：有些商業餐廳的供應巔峰是在午餐和晚餐，為了節約能源，不妨以隔間方式進行下午茶的分區營業。學校自助餐廳可採購疊放收納型桌椅（圖4-13），午餐後縮小體積，多餘空間可做為學生活動場地，增加使用率。

表4-14　餐廳型態與客轉數（參考資料整理）

餐廳型態	客轉數／2小時
服務型餐廳，中價位	1.0-2.0
服務型餐廳，高價位	0.75-1.0
服務型豪華餐廳	0.5-0.75
商業自助餐	2.2-3.0
一般自助簡餐	2.0-3.0
包廂家庭式簡餐	2.0-3.0
速食快餐	2.5-3.5

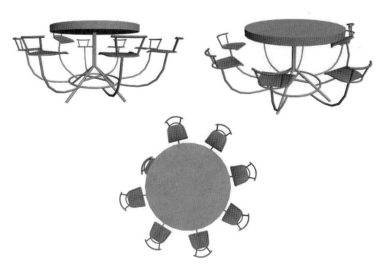

圖4-13　疊放收納型桌椅設計

(五)化妝室的數量

一個餐廳的清潔衛生可從它的化妝室看起,這是許多用餐者的共同心聲。化妝室應分隔為男女兩區,避免合用。推門進出宜保持私人隱密性,預設數量常會影響顧客的等待與使用時間。表4-15化妝室種類與數量,僅供參考。

表4-15　化妝室種類與數量

	男性	女性
馬桶間 (toilet)	每100人備1間	每100人備2間
小便斗 (urinal)	每25人備1台	---
洗手台 (wash basin)	每1馬桶間備1台 每5小便斗備1台	每1馬桶間備1台

參考資料:Lawson, F. (1994). Restaurant, Clubs and Bars. Planning, Design and Investment for Food Service Facilities. Oxford: Butterworth-Heinemann.

(六)其他設施的空間

室外的設計包括:招牌 (logo)、停車場、天井/景觀台、戶外桌椅(備遮陽擋雨棚)、花園小徑、噴泉等。室內的設計則包括:顧客等待區、收銀台、衣帽間、吸煙室、表演舞台、鋼琴和樓梯等。燈光的設計牽動現場的流動感,小區塊的布幔/隔間可以增加隱密性,適當的音樂可以遮蔽噪音。總而言之,一切裝潢設計均依餐廳經營者的投資與理想而定,至於它們所佔據的空間,則又另當別論了。現提供一小型餐廳平面設計圖與其配置圖編號說明(圖4-14,表4-16),相關協助繪圖資訊可參考表4-17與表4-18。

表4-16　餐廳配置圖編號說明

1	雙層門入口	8	室內用餐區
2	衣帽間	9	供應區
3	產品展示櫃	10	清潔區
4	櫃台＋候位區	11	廚房
5	吧台	12	服務台
6	洗手間（女）	13	戶外用餐區
7	洗手間（男）		

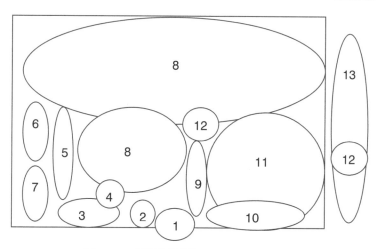

圖4-14　餐廳泡泡圖 (bubble diagrams)

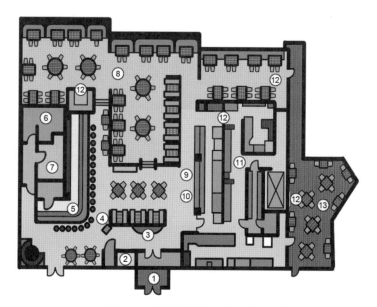

圖4-15　小型餐廳平面設計圖

表4-17 中外長度、面積度量衡換算表

長　度

公分	公尺	公里	市尺	營造尺	舊日尺(台尺)	吋	呎	碼	哩	國際浬
1	0.01	……	0.03	0.0313	0.033	0.3937	0.0328	0.0109	……	……
100	1	0.001	3	3.125	3.3	39.37	3.28084	1.09361	0.00062	0.00054
……	1000	1	3000	3125	3300	39370	3280.84	1093.61	0.62137	0.53996
33.333	0.33333	0.00033	1	1.04167	1.1	13.1233	1.09361	0.36454	0.00021	0.00018
32	0.32	0.00032	0.96	1	1.056	12.5984	1.04987	0.34996	0.0002	0.00017
30.330	0.30303	0.00030	0.90909	0.94697	1	11.9303	0.99419	0.33140	0.00019	0.00016
2.54	0.0254	0.00003	0.07620	0.07938	0.08382	1	0.08333	0.02778	0.00002	0.00001
30.480	0.30480	0.00031	0.91440	0.95250	1.00584	12	1	0.33333	0.00019	0.00017
91.440	0.91440	0.00091	2.74321	2.85751	3.01752	36	3	1	0.00057	0.00049
……	1609.35	1.60935	4828.04	5029.21	5310.83	63360	5280	1760	1	0.86898
……	1852.00	1.85200	5556.01	5787.50	6111.60	72913.2	6076.10	2025.37	1.15016	1

1公碼 = 0.9143992公尺　　　1英吋 = 2.5399998公分　　　1美碼 = 0.9144018公尺　　1英碼 = 0.9144183公尺
1美吋 = 2.54000公分　　　　1公尺 = 1.0936143英碼　　　1海里 = 6080呎
1公尺 = 1.0936111美碼　　　1海里 = 1.516哩

表4-17 中外長度、面積度量衡換算表（續）

平方公尺	公畝	公頃	平方公里	市畝	營造畝	日坪	日畝	台灣甲	英畝	美畝
1	0.01	0.0001	……	0.0015	0.001628	0.30250	0.01008	0.00010	0.00025	0.00025
100	1	0.01	0.001	0.15	0.16276	30.25	1.00833	0.01031	0.02471	0.02471
10000	100	1	0.01	15	16.276	3025.0	100.833	1.03102	2.47106	2.47104
……	10000	100	1	1500	1627.6	302500	10083.3	10.3102	247.106	247.104
666.666	6.66667	0.06667	0.000667	1	1.08507	201.667	6.72222	0.06874	0.16441	0.16474
614.40	6.1440	0.06144	0.000614	0.9216	1	185.856	6.19520	0.06238	0.15203	0.15182
3.30579	0.03306	0.00033	……	0.00496	0.00538	1	0.03333	0.00034	0.00082	0.00082
99.1736	0.99174	0.00992	0.00009	0.14876	0.16142	30	1	0.01023	0.02451	0.02451
9699.17	96.9917	0.96992	0.00970	14.5488	15.7866	2934	97.80	1	2.39672	2.39647
4046.85	40.4685	0.40469	0.00405	6.07029	6.58666	1224.17	40.8057	0.41724	1	0.99999
4046.87	4.04687	0.40469	0.00405	6.07031	6.58671	1224.18	40.806	0.41724	1.000005	1

1平方哩＝2.58999平方公里＝640美畝（英畝）
1日町＝10段＝100日畝＝3000日坪　　1台灣甲＝2934坪

表4-18　設計圖略號（參考資料整理）

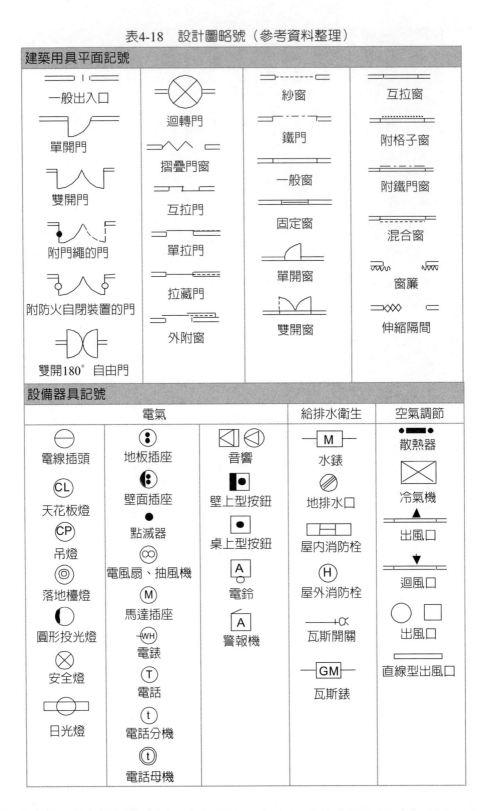

第五章

廚房工作區的劃分與流程設計

第一節　廚房工作區的劃分

　　一個員工在廚房工作時，站姿且雙手交集正常使用的空間約在116.5*82公分，雙手最大伸展範圍約為175*132公分，我們稱為「工作範圍」(work area)（第四章第二節；圖4-1，圖4-2）。當一件工作是由一個人集合幾個工作範圍所完成時，這個空間稱為「工作中心」(work center)，範圍視工作內容而定，單人最大不超過2.74*1.82公尺。類似的工作中心同時放在一個相同屬性的區域時，這個範圍統稱為「工作區」(work section)（圖5-1）(Almanza, etc., 2000)。

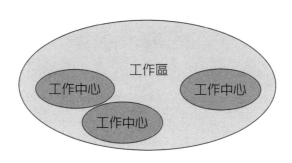

圖5-1　工作中心vs.工作區

　　「工作中心」(work center) 直指一份工作由一個人結合幾個工作動作所需要的空間 (Work center is where a group of closely related tasks are done individual.) (Almanza, etc., 2000)。例如老張在廚房中

負責煮湯和麵食，他至少需要三個「工作範圍」，分別為水槽（清
洗）、工作桌（青菜、滷醬、乾麵條）和大湯鍋，老張只要在三個工
作範圍中來回移動即可完成湯麵的生產，我們稱它為「蒸煮中心」，
其他工作中心依此類推。工作分得愈精細，可能一個工作中心就有數
位員工在分攤，每個人的空間也相對變小，一如食品加工廠。

　　類似的工作中心同時放在一個相同屬性的區域時，統稱為「工
作區」(work section)；(A section is a group of related work centers in
which one type of activity occurs.) (Almanza, etc., 2000)。例如老張的
「蒸煮中心」；老李的「燒烤中心」；小王的「熱炒中心」；小陳的
「煎炸中心」，因為他們的工作中心都會產生熱與濕氣，故我們需要
加裝抽油煙設備清理空氣，因此，我們稱此區域為「熱食製備區」，
其他工作區依此類推（表5-1）。

　　因此，當進行廚房工作區劃分時，必須先考慮員工的工作範圍與
生產負荷，詳細的工作分析與預估人數有助於計算工作中心的數量，
並完成工作區的整合。若無法明確區分工作內容，有較多員工的視為
一工作區，較少員工的視為一工作中心。

表5-1　廚房工作區分類

工作區 (work section)	工作中心 (work center)
1.進貨區 (stock)	
2.驗收區 (receiving section)	
3.乾貨儲存區 (dry storage section)	
4.低溫儲存區 (low-temp storage section)	(1)冷藏庫 (walk-in refrigerator)
	(2)冷凍庫 (walk-in freezer)
	(3)通風室溫中心 (ventilated storage section)
	5.清潔用品儲存中心 (sanitary storage center)
6.製備前材料處理區 (preliminary section)	(1)蔬菜前處理中心 (vegetable preparation center)

表5-1　廚房工作區分類（續）

工作區 (work section)	工作中心 (work center)
	(2)水果前處理中心 (fruit preparation center)
	(3)肉類前處理中心 (meat preparation center)
	(4)海鮮前處理中心 (seafood preparation center)
7.熱食製備區 (hot food preparation section)	(1)蒸煮中心 (steam & boiling center)
	(2)煎炸中心 (deep-fry center)
	(3)燒烤中心 (grill & bake center)
	(4)熱炒中心 (stir-fry center)
8.冷食／飲料製備區 (pantry section)	(1)沙拉冷盤中心 (salad & sandwich center)
	(2)冷／熱飲料中心 (cold/hot beverage center)
	(3)點心裝盤中心 (dessert decoration center)
	(4)水果切盤中心 (fruit plate center)
9.烘焙區 (bakery section)	(1)麵包製作中心 (bread center)
	(2)蛋糕酥皮點心製作中心 (dessert center)
	10.實驗品管中心 (laboratory & quality control center)
11.供應區 (serving section)	(1)餐桌式供應中心 (able service center)
	(2)自助餐式供應中心 (cafeteria service center)
	(3)裝配線式供應中心 (assembled meal service)
	(4)清潔器材存放中心 (sanitary equipment center)
	12.出貨配送中心 (logistic center)
13.清潔保養區 (housekeeping section)	(1)餐盤器皿清潔中心 (dishwashing center)

表5-1　廚房工作區分類（續）

工作區 (work section)	工作中心 (work center)
	(2)烹飪器具清潔中心 (pots & pans washing)
	(3)廢棄物處理 / 器材保養中心 (garbage disposal & janitor's center)
	14.辦公室 (management office)
	15.員工休息室 (employee room)

（註：表5-5「廚房輔助器材與設備檢查表」備有詳細工作中心 / 區器材與設備名稱介紹。）

第二節　工作流程的設計

　　所謂「工作流程」(flow of work) 是指一個人在廚房工作時，各工作範圍的空間能夠相互連接，以產生順暢合理的工作績效 (The joining of one work area with another should be logical & scientific, allowing for a smooth, efficient flow of work.) (Scriven & Stevens, 1989)。所謂「廚房佈局」(kitchen layout) 則是指幾個工作中心能夠密切連繫成一特定的工作區，類似拼圖 (puzzle) 般地完成廚房整體的空間分配 (Centers are combined to form sections and the sections are joined to make up the complete plan.) (Almanza, etc., 2000)。

工作中心與工作區的大小設計完全依工作量和工作複雜性而定。簡單的區塊分佈一如圖5-2之泡泡圖 (bubble diagrams)，概括的區域分布並未標示區域之間的相關性。較詳細的設計則如圖5-3之廚房生產流程圖 (flow diagram)，區域間繪有箭頭可引導流程。詳細作業設計請參考第七章第四節。

圖5-2　餐廳工作區之泡泡圖 (bubble diagrams)

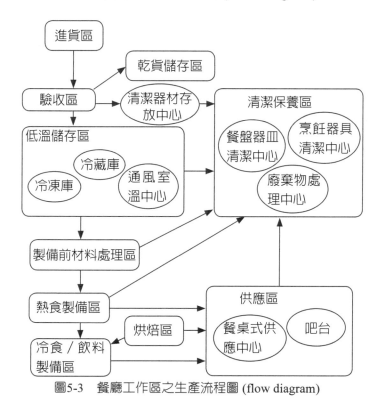

圖5-3　餐廳工作區之生產流程圖 (flow diagram)

一般而言，廚房的生產流程有二種模式：一是「直線型流程」(straight-line flow; unital or assembly-line flow)，此種流程多發生在食品工廠，只要開機，所有生產一系列完成。另一則是「功能性流程」(functional flow; process or one-shop plan)，將整體生產分切在不同的工作區進行，最後再組裝完成 (Konz, 1995)。例如麵包來自烘焙區，烤雞來自熱食區，生菜來自蔬果前處理中心，最後的潛水艇三明治則是在冷食製備區完成的。所以，設計者必須研究各工作區作業的內容與流程，更要規劃各工作區之間的動線與路程。

　　總之，在設計廚房的生產流程時，必須把握十項重點：

1. 直線路徑最簡短 (proper sequence directly)
2. 減少十字交叉路口的衝突 (minimum of flows crisscrossing)
3. 減少倒退路的折返 (minimum of flows backtracking)
4. 減少迂迴路的浪費 (minimum of flows bypassing)
5. 減少員工時間與體力的虛耗 (minimum of worker' time and energy)
6. 減少工作流程中的延誤與等待 (eliminate of delay and storage process)
7. 減少食材重複性加工 (minimum materials & tools handling)
8. 善用空間與器材 (maximum utilization of space & equipment)
9. 注意品質管制 (food quality control)
10. 減少生產成本 (minimum cost of production)

第三節　進貨驗收與庫存

(一)進貨驗收的工作

　　進貨驗收的工作主要是在確定送達貨品的種類與數量，檢查材料品質是否與預先訂貨的要求相符 (examination & ascertain)，如果一切合於標準，就算驗收通過，貨品將運至庫房做儲存以供使用，否則就辦理退貨，由買賣雙方另議賠償事宜。所以驗收是一種把關的工作，績效好的驗收工作不但可獲得品質絕佳的貨品，更可降低成本節省廢棄。反之，不良的把關工作不但讓劣質物品流入餐廳，更可能造成盜竊，偷斤減兩等不法事情，故驗收的責任十分重大。

　　在進貨驗收工作的必備條件中，除了要有勝任的工作人員之外，安排合理的送貨時間，不但有助於廠商與驗收者的檢查程序，更可利用最少的空間完成最高的效率。在採購的理論中，往往建議買賣雙方各執一份相同的食物採購規格書 (food purchase specification; SPECs)，它的存在不但能讓檢查有標準可依，更可節省時間避免雙方不必要的誤會。一旦驗收工作開始進行，各類簽收表格必須完整保存，因為它們不僅是記錄資料，更是會計帳務的數據，由此可見進貨驗收工作之繁瑣與重要。

(二)進貨驗收區的設施與器材

　　所謂「工欲善其事，必先利其器」，在進貨驗收工作中另外二項重要的必備條件即：標準的環境設施與適用的驗收器材。由於進貨驗收區並非主要的生產地，故用地不宜過大，如果能有效控制並分散廠商的送貨時間，將有助於節省空間。進貨驗貨區的大小與貨品種類／形狀有關，如果是新鮮的蔬菓魚肉，包裝較凌亂，驗收更需仔細，其所需的腹地就相對的增加。如果是成箱的物品或品質一致的加工產品，簡易的抽驗或許可證明，可以縮小

用地的需求。物品流動的路徑愈短愈好，例如從驗收到庫房，或驗收後直接撥發至使用點，目的在保存貨品的新鮮品質。

進貨驗收區通常位於廚房的後方，為方便貨車的停泊與卸貨，可做高台地的設計；又稱「碼頭」(dock)。理想的進貨驗收台高約76～91公分，深約245公分，至於長度則視產品而定，一般驗收台大小約2坪。其他設施包括：①燈光（照明設備），②屋簷雨棚，③透明塑膠簾，④不銹鋼鐵門（窗），⑤捕蠅燈，⑥手扶梯，⑦橡皮墊，⑧垃圾箱，⑨排水孔（圖5-4）。

進貨驗收台 (dock) 約與車廂底部同高，運貨時可直接藉車廂尾門當橋樑（亦可配備升降機），用推車將貨物平行送到進貨驗收台上，可節省許多抬上搬下的勞力與時間（圖5-5）。碼頭除了方便卸貨外，另有防水災、防小動物入境等功能。驗收台應備妥良好的通訊系統、沖洗設備及排水系統，以清洗送貨後的污物異味。因此，地表結構需特別加強堅固性，以防重物的壓損，地面應時常保持乾燥，粗糙地面較光滑者來得安全。

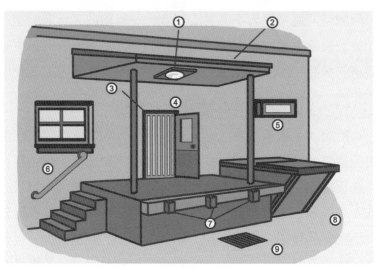

圖5-4　進貨驗收台 (dock)

參考資料：Scriven, C.R. & Stevens, J.W. (1989). Manual of Equipment and Design for the Foodservice Industry. Van Nostrand.

圖5-5　進貨驗收台現況

　　廚房後方除了是進貨的入口外，也是廢棄物存放或等待處理的集中地，為了防止蚊蠅等昆蟲的傳播，從進貨驗收台到庫房之間應設計良好的隔離裝置。例如：進出入口設置不銹鋼單門或雙門；單門寬約107公分，雙門則約120公分（中間不設柱）；電動門尤佳。建議裝置雙重門，兩道門之間加設長約二公尺的「黑道」（彎曲式更有效）。門口加裝捕蠅燈、透明塑膠簾、向外吹之排風孔等，目的都在阻止蚊蠅小蟲的飛入。

　　進貨驗收區是餐廳後方的把關重點，工作人員常由後門進出入，故專人負責看管很重要。現場應設有小型辦公室一間，裝設透明玻璃窗將有助於觀察貨品、人物進出入的情形。驗收區辦公室可放置一些必須的設備器材（圖5-6），諸如：①紙巾，②台車 (platform truck)，③洗手台，④飲水機，⑤打卡機，⑥桌椅，⑦桌上型台秤 (table scale)，⑧立地式磅秤 (floor level scale)（圖5-7），⑨輔助輪腳的圓滾車 (drum dollies)，⑩/⑪運輸用手推車 (hand trucks or racks)（圖5-8）。檢驗工具還包括：開箱／開罐器、吊籃秤、溫度計等。運輸器材還包括：貨運電梯 (elevator/ dumbwaiter)、輸送帶或重力滑運道 (belt or gravity chute)、電動貨車等。其他辦公設備、通訊設備、電力設備和清洗設備亦應俱

全，詳細請參考表5-5「廚房輔助器材與設備檢查表」。

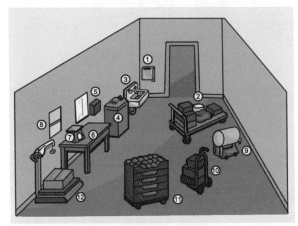

圖5-6　驗收區設施與器材

參考資料：Scriven, C.R. & Stevens, J.W. (1989). Manual of Equipment and Design for the
　　　　　Foodservice Industry. Van Nostrand.

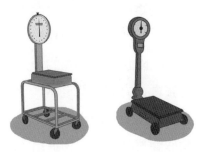

圖5-7　桌上型與立地式磅秤（輪腳可移動）

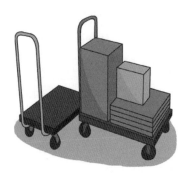

圖5-8　運輸台車與手推車

㈢庫房的功能

　　庫房的功能：一是安全性，二是方便性。就安全性而言，除了確保食材貨源的新鮮與保存期限外，杜絕偷竊／順手牽羊也是一項防護的工作。此外，爲員工提供一個方便取用貨源的空間，減少路程節省時間，亦是有效管理資產的一種模式。

　　餐廳的經營方式與製備系統都會影響庫房的種類與大小，例如：自助餐廳或醫院伙食，由於大部分是當日買用的新鮮材料，少有庫存，故庫房面積較小。反觀速食業者因爲使用冷凍半成品居多，所以冷凍庫設備特別加強。另外，食物本身的體積大小、包裝形式和使用頻率也會影響庫房的大小，過少的庫存固然造成使用者不便，但過多的庫存不僅浪費空間，更是資金上的一大損失，因此有人說：「肉上的冰就是利息」，最能警惕管理者。

　　基本上，庫房管理的原則爲「先進先出」（First in, first out.）。常用的管控方法，除了ABC食物庫存分類法（表5-2）外，食物使用週轉量也是相當普遍的估算法。所謂ABC食物分類法就是應用柏拉圖定律（或80/20比例）將材料依其經濟價值區分爲ABC三類，價格愈高者所佔空間愈小（例如酒、肉、進口食材等），亦即庫存最小，其他如C類的米、麵、盒紙等可能需要的空間就比較大些。目的在幫助管理者對採購進行重點式的管理，而非鉅細靡遺的參與。

表5-2　ABC食物庫存分類法

類別	庫存數量／空間%	庫存價值%
A（高經濟價值）	5～10	75～80
B（中經濟價值）	20～25	15～20
C（低經濟價值）	70～75	5～10

至於食物使用週轉量的考慮，則依材料使用率來計算最大／最小的安全庫存值，不但可規劃庫房空間，還可預算送貨時間，在管理上有雙重的效果存在。此外，貨源的遠近與便利性也會影響庫房的大小，例如：現今的流通業中，「物流中心」(logistic center, distribution center) 或「倉儲中心」(warehouse storage, sourcing center) 都是重要的協力廠商，因為它們的存在不但可以縮小餐廳本身的庫存空間，更可幫忙在最短時間內獲取最大貨源，此歸功於專業的庫管系統。

㈣庫房的種類

　　庫房依地點位置可分二類，一是**大型總庫房 (central park)**；又稱總站，專門儲存可長期使用、不易腐壞、完整包裝且未開封的材料。當材料經撥發送到廚房使用地點後，開瓶拆包就暫時存放在冰箱或貨架上，以便下次繼續使用，這種較小型且臨時性的存貨地點就稱為**支點 (local unit)**，常見有調味料等。有些地方在驗收後，會將當日使用之新鮮材料直接送往支點使用，不經庫存的手續，稱為「**直接撥發**」，故在管理上需對貨物的流向有明確的交待。由支點至總站依單取貨，稱為「**庫房撥發**」，最好一日1～2次，每次取拿足夠的量，可免來往奔波的不便，又可確保材料保存的安全性。

　　總庫房的設立，除了密接進貨驗收區外，應跟各個使用區保持相當順暢的距離。依食物種類的不同及保存環境的差異，總庫房可分為二大類：**一是乾貨儲存區**（約佔總空間70%），**一是低溫儲存區**（約佔總空間30%）。現就庫房種類及保存食物內容做一分類說明：

1.**乾貨儲存區** (general dry storage, 15-20℃; 50-60%）

⑴**食材原料類** (staple food supplies)：米、麵粉、調味品、香

料、酒類等以袋裝、罐裝、桶裝的食物材料，在常溫中可保存一段時間者。

(2)供餐盤具類 (nonfood service supplies)：紙巾、筷子、錫箔紙、塑膠膜、餐具等製備食物時與食物接觸的非可食性材料。

(3)布棉材料類 (linen or laundry room supplies)：未用的桌布、口布、制服、圍裙、衣帽等。

(4)清潔用具類 (kitchen cleaning supplies & equipment)：未用的掃把、水桶、清潔劑等。

(5)大型器材類 (bigger equipment or tools)：餐廳桌椅、花架、裝飾品、損壞的機器等，也許有被再使用的機會，應隔間存放。

(6)烘焙器材類 (baker's supplies)：烘焙專用烤盤、推車等器材，應隔間存放。

注意：以上各區應隔間分類存放，設有名牌告示以免混用。

2. 低溫儲存區 (low-temp storage section；均為食品類)

(1)冷藏庫 (walk-in refrigerator, 4-7°C; 85-95%)：牛奶、雞蛋、新鮮蔬菓、待用肉類、解凍食品等。

(2)冷凍庫 (walk-in freezer, −18°C)：冷凍食品及肉類。

(3)通風室溫區 (ventilated storage section, 10-15°C; 60-70%)：保存油脂類、根莖類、瓜果類、洋蔥、馬鈴薯、香蕉等非高溫或極低溫保存之食物。

　　冷藏／冷凍庫在設計上已超出格局空間的限制，由於用途不同，大小尺寸也不盡相同，幾乎可以視為一獨立個體，大約分為下列二類：

(1)步入型冷藏／冷凍庫 (walk-in refrigerators)

　　步入型冷藏／冷凍庫通常位於總站，特殊的隔間設計可容納大量的餐食備品，亦可容許人／車入內取貨。為方便使用者

及節省能源，有些設計會將冷凍與冷藏相互結合，例如：先步入冷藏庫再步入冷凍庫（圖5-9A），或不進入冷凍庫但從外面冷藏櫃取拿（圖5-9B）。

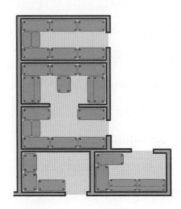

圖5-9A　步入型套裝冷藏／冷凍庫 (walk-ins refrigerator)

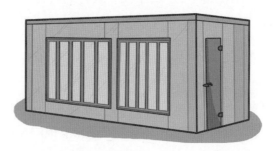

圖5-9B　大型冷凍庫外接冷藏櫃 (outside reach-in refrigerator)

⑵取拿型冷藏／冷凍櫃 (reach-in refrigerators)

　　取拿型冷藏／冷凍櫃通常位於支點，可當做臨時儲存櫃，亦可設在供應區當做展示櫃，讓客人選餐取拿。常用的取拿方式有3種：A.單面取拿 (reach-in)，B.雙面取拿 (pass-through)，C.推車

入櫃 (roll-in)（圖5-10）。在工作區多爲不銹鋼門；在供應區則是透明玻璃櫃。冰箱樣式極多，有立式、檯面式、掛牆式等，依需求而定。

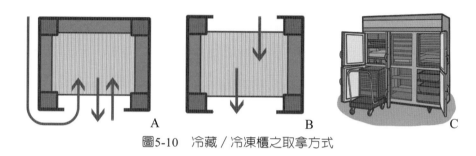

　　　　A　　　　　　　　　　　B　　　　　　　　　　C
圖5-10　冷藏／冷凍櫃之取拿方式

(五)乾貨儲存區的設施與管理

　　庫房內除了要保持標準的溫度與溼度外，最好整個區域都裝置有空調設備，不但可維持良好的通風與空氣循環，還可與外界的風、陽光、空氣、塵埃做一隔離，在食物的品質上較有管制的能力。窗戶愈少愈好，否則須以不透明窗簾隔絕。尤其是陽光與空氣極易引起食物的化學變化，過多的溼氣更易促使材料生霉長蟲，造成莫大損失。此外，庫房地面容易清理且具抗滑性，牆壁的結構應結實且防水防潮，牆面光滑且以白光油漆爲主，貨架不宜直接靠牆或緊貼地面，慎防水氣的侵入。天花板若接蒸氣管或排水系統，應隔熱防漏。

　　由於庫房是保存資產的一個重點，故進出口愈少愈好，以維持人員與財務的安全。一般是以一個進出口當做主要入庫與撥發管道；若採用厚門且上下分開對外，稱爲「Dutch door」。當撥發時，只開上半部的門，讓提貨者在外，所需物品由管理員依單送出。只有在大宗物品入庫時，庫門才會全部打開以利搬運，在管理上可避免閒人入庫順手牽羊。

庫房內保持充足的亮度，不論是油漆光度或燈源亮度皆應維持在70燭光以上，以識別物品檢查品質。管理員的辦公室內備有桌椅，磅秤是撥發的工具。至於辦公室設置在庫內或庫外，可視空間大小再調整。庫房內應準備安全椅凳或扶梯，及有輔助輪腳的運輸台車，可方便運輸補給的工作，亦可避免員工的意外傷害。

　　庫房內的貨架須堅固足以承擔各種貨品的重量，木製與金屬品在使用上因其材質的不同而各有其優劣點（表5-3），可依需要而選擇。

表5-3　貨架材質優缺點

貨架種類	優點	缺點
木架	便宜、容易安裝、柔軟、不生鏽	不防蟲、不防火、不易拆卸
金屬架	耐久、防蟲、防火、拆裝容易	貴、易生鏽、質硬且重

　　各類成箱包裝的貨品一旦進入倉庫應立即拆除外包裝（盒、箱），將各物體整齊排列在貨架上，一來便於清點貨品，二來可防止外包裝的污垢，造成清理不便。每一項貨品在貨架上應有一張活動式插牌，詳記貨品名稱及入庫日期，最好能分類編號，給予管理員一個位置上的指標。一般在安排貨品的位置上，不常使用者可置遠處，有強烈味道者宜隔離存放，管理員應時常檢查貨品，是否有損壞或過期的現象，再依辦法申報銷燬。

　　貨架的排列方式很多，在圖5-11中，以(A)型方便取拿較適合乾庫房，(B)型雖然貨架充分利用，但交通甚為不便，(C)型空間利用雖不佳，但常見於冷藏或冷凍庫內。至於貨架的高度與尺寸，

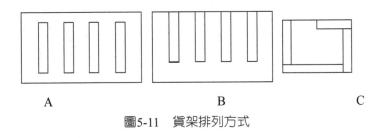

A　　　　　　　　　　B　　　　　　　　　　C

圖5-11　貨架排列方式

以一個人伸手取拿方便為原則，約在1.8～2.0公尺之間，最底層則應留30～50公分的距離，一來方便清潔打掃，避免蟲鼠進駐，二來通風防潮，保持物品的乾燥。

　　重物：如米／麵粉／馬鈴薯袋，不可直接放置地面，應放在高於地面10～20公分之塑製棧板或金屬平台架上，以杜絕地面潮氣（圖5-12）。儲存貨架若承載重物，以實心板較佳，若承載輕物，且又高於視平線者，不妨採用網狀棚架，可免物品遺忘角落（圖5-13）。在先進先出的原則下，罐裝食品可利用滾動體型，特別設計方便取拿的貨架，避免重複性的前後搬抬

圖5-12　放置重物之塑製棧板

圖5-13　四層組合網狀棚架

（圖5-14）。庫房中可將各個貨架下方安裝下錨滑軌，不但可以電腦遙控貨架，亦可減少走道的浪費，以較小空間排放較多貨架（圖5-15），詳細請參考表5-5「廚房輔助器材與設備檢查表」。

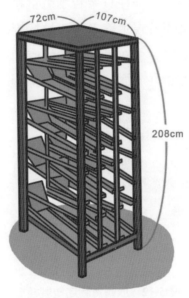

圖5-14　罐頭儲存滾動貨架

圖5-15　貨架靠牆之擺置（9台）vs.下錨滑軌密集式擺置（16台）

餐飲規劃與佈局

(六)低溫儲存區的設施與管理

在庫房內，低溫儲存區佔用的空間較小，多儲存一些易腐壞或使用期較短的食品，所以應隨時保持進出貨的流暢，避免過多或長期的囤積。整體建築應堅固隔熱，地面平坦不打滑，尤其不可有台階或門檻以利推車的進出。進出口設置厚片塑膠簾，可隔絕庫內／外空氣的流動，緩和溫度的驟升。為了安全與省電起見，庫房的門應盡量少開，一日撥發1～2次可確保庫內的低溫與品質。庫房厚門可內／外均設鎖，但內部一定要有緊急開關或警示裝置以防有人反鎖庫內。為了排除清洗後的污水，合格的排水設施不可忽略，最重要的是隨時保持地面乾燥，才不會出現濕滑的現象。

庫房內／外應有溼度計及溫度計顯示，以確保食品衛生安全，溫度計2～3支可放置在內部角落及進出口以免其中某支發生故障，溼度器則放在門外以便隨時觀察記錄。進入庫內，應有足夠燈光照明，離開庫房則自動熄滅以維持低溫。此外，要保持庫內的清潔衛生，應先從食物本身做起，將肉類／魚蝦／海鮮各自放在清潔的塑膠保鮮盒中，不但辨識容易，亦可防止血水滴流及腥味污染。所以，冷藏／冷凍庫的清潔應從溼度、溫度、空氣流通、清爽乾燥一起實施才有品管之效，詳細請參考表5-5「廚房輔助器材與設備檢查表」。

第四節　材料前處理與食物製備

(一)食物製備的流程

當食物材料從採購／驗收到庫存／撥發後，就開始一連串的製作流程，這些過程主要發生在廚房內，包括：(1)製備前材料處理 (preliminary preparation)：清洗、切割、分籃等。(2)烹調加熱

或生食加工處理 (cooking or manipulating)：炸、炒、蒸、煮、烤、涼拌、沙拉等。(3)裝盤修飾 (finish and portion)；配份準備供應等。在小型的廚房內，也許一個師傅可以勝任以上三項的工作，將一道菜從頭到尾製作完畢，但是在大型分工的廚房中，各項工作就由各專業人員負責，最後集合在裝配區，完成產品準備供應。現將食物製備的過程區分為下列單位以便說明，其間之器材設備介紹請參考第六章：

1. 製備前材料處理區 (preliminary section)
   (1)蔬菜前處理中心 (vegetable preparation center)
   (2)水果前處理中心 (fruit preparation center)
   (3)肉類前處理中心 (meat preparation center)
   (4)海鮮前處理中心 (seafood preparation center)
2. 熱食製備區 (hot food preparation section)
3. 冷食／飲料製備區 (pantry section)
4. 烘焙區 (bakery section)

　　也許有人會問，為什麼要將各個區域劃分得如此清楚？答案是：在繪製設計圖時，必須先徹底了解各工作區的工作內容，及各區域相互間的關係。例如：供應食材給熱食製備區的可能有蔬菜前處理中心、肉類前處理中心、庫房或驗收區（直接撥發），這些具有上游供應特色的區域就稱為「supporting sections」。生產完成後的食物可能被送到供應裝配區、餐廳或員工餐廳，這些具有下游承接意義的區域就稱為「supplying sections」。所以每一區都有上游區也有下游區，將圖形繪製在一起，即可發現其間流通的關係，稱為生產流程圖（本章第二節），詳細作業請參考第七章第四節（圖7-3，圖7-4）。

(二)蔬菜／水果前處理中心

　　此區的生鮮食材多源自驗收區或冷藏／通風室溫中心，例如蔬菜類、根莖類和瓜果類，其中葉菜類較為脆弱需要立即處理交付製作。處理的方法約為：清洗→削皮→整形→切塊（形）→分籃，處理好的材料將依重量、種類先做標示再分送到各個指定的使用區，常使用台車／手推車幫忙運輸。若非當日使用，可用塑膠保鮮套覆蓋台車，送回冷藏室暫存。總之，清洗切割的工作在技能上雖然簡單，但因數量龐大，可能需要較多的人手與時間。蔬果前處理中心相當於製備區的上游，材料應依要求做清洗切形，並做重量與損失率計算，才不會有數量不足的疑慮。

　　在蔬果前處理中心的清洗器材／設備最重要，由於蔬果量大，形狀不一，清洗方式也不盡相同。一般小型機構可設雙槽來清洗，大型機構則設多槽分籃來洗滌，甚至採購「複合式洗菜脫水機」(vegetable clean & remove water) 加噴氯氣來處理（第六章；圖6-1）。一般水槽尺寸長／寬約55公分左右，深可達35～45公分。雙槽應裝設噴水管可加強沖洗的功能，第二槽之後應附瀝水架及菜籃 (drain basket)，形狀是有孔的不銹鋼盒或金屬絲籃，甚至塑膠品都可以預先排除過多的水分以減輕運輸的重量。

　　緊臨清洗槽之後應是切割設備，若干現代化的機器設備早已到位代勞。首先以人工去除一些損傷部位，例如簡易的切菜機 (vegetable cutter)（圖6-2），有些蔬菜切割機可換用不同的刀片來切出塊形、片形、粒狀等不同形式以應需求。削皮機 (vegetable peeler)（圖6-3）在處理根莖類時，不但有削皮的功能也可同時清洗。切割型攪拌機 (cutter mixer)（圖6-6）在處理包心菜時可以一邊清洗一邊旋轉切塊，最後脫水準備裝籃使用，不但品質一致，同時又省時省力。其他器材請參考第六章。不過有些餐廳已經開始使用半成品或冷凍產品，這些不需要再做前處理

的蔬果在使用上較為方便，又可節省廚房面積，唯食材成本可能提高。

此區用水較多，故應有完備的供水與排水設施。水槽與水溝須每日疏通清洗，地表防滑。立式機器應有棧板或台架以防受潮生鏽，為了確保機器的壽命，每次使用後應擦拭乾淨妥善保存，其他如砧板、刀具也須做定期的消毒、烘乾與保養工作。果皮殘葉瀝乾水分妥善包紮，最後送到廢棄物處理中心統一處理。凡與食物接觸或清洗器材的用水，均須符合自來水質標準，地下水或與化糞池／廢棄物堆積場臨近之水源需經檢測。飲用水與非飲用水的管線應明確分離，尤其是飲水機與製冰機的過濾工程，詳細請參考表5-5「廚房輔助器材與設備檢查表」。

(三)肉類／海鮮前處理中心

此區的食材多源自冷藏庫、冷凍庫或驗收區。由於肉類的價格昂貴，故在切割處理的技巧上需要有受過訓練的專業人員，才不會造成切割錯誤，或份量不符的損失。肉類極易腐壞，為了確保品質，在設施環境上尤其要注意低溫及衛生。如果餐廳是小量供應，不妨使用肉品工廠已經處理過的材料，不但可節省人工，使用上也比較方便。但在大型的供應機構；例如中央廚房，若供應的規格有調整時，一套專業的肉類處理單位就變得重要且實在了。

此區同樣也可分清洗、切割和配送三個重點，為了防止海鮮或肉類的味道互傳，可將該區分為三個中心來分攤，例如：海鮮前處理中心、雞鴨前處理中心和肉類前處理中心。如果地方有限，不妨就以特定的水槽、砧板當做界線，也能產生同樣的功能。水槽的設計略似蔬果處理中心，唯工作桌面較低較大以方便切剁，可使用的機器多侷限在切片（圖6-10，6-11）與切碎打泥

（圖6-7）的層面上，至於其他需要技巧的剝骨切割仍需借助專業設備才得完成。各式刀具在用完後一定要洗淨烘乾才能收藏，砧板尤其要注意衛生與消毒，以避免生霉長蟲。由於該區需要用水並經常清洗，故良好的排水設施及防滑地板很重要。

　　當肉類處理完畢後，不是立即送去烹調，就是用塑膠保鮮套覆蓋台車送回冷藏室暫存，故此區離製備區和冷藏庫不遠。為了明確切割肉類，依我國「食品良好衛生規範」規定，光線應達100米燭光以上，工作台面或調理台面應保持150米燭光以上；使用之光源應不改變食品之顏色為原則。最後，將垃圾廢棄物包紮妥善送交管理，才可維持此區的衛生與清潔，詳細請參考表5-5「廚房輔助器材與設備檢查表」。

㈣熱食製備區

　　此區乃是整個廚房的心臟地帶，若干佳餚大菜都在此製作完成，不但師傅技術專精，各項機器設備也應俱全，地位不容小覷。上游材料多源自：製備前材料處理區、低溫儲存區、乾貨儲存區及驗收區；下游則包括：供應區、冷食製備區及餐廳，當然清潔保養區及廢棄物暫存區也關係密切。由於食物在製作後立即供應最能表現其品質，故從製作到供應的途徑愈直接愈好，因此在廚房的規劃設計時，不妨多考慮其流程與路徑。

　　根據各種製備生產模式，可將該區劃分為幾個製作中心，例如蒸煮、煎炸、燒烤及熱炒中心等。常見的製備器材有：爐台、烤箱、攪拌機、蒸櫃（鍋）、壓力蒸氣鍋（SJK；圖5-16）、炭烤爐、煎板爐和油炸機等，詳細內容請參考第六章。高溫器材如能靠牆擺置，對工作人員而言較為安全，其他小型獨立式或桌上型的器材，則不妨以背對背的方式陳列，可節省工作桌面積。器材設備的排列方式常見有正方型、一線型及平行線型，至於L型

及U字型也可視現場環境的需要而做調整（圖5-17）。詳細請參考表5-5「廚房輔助器材與設備檢查表」。

圖5-16　使用壓力蒸氣鍋 (SJK) 炒菜的情形

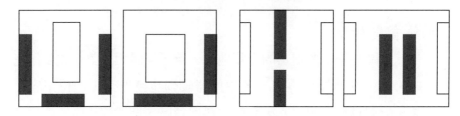

圖5-17　廚房器材設備的排列方式（空白代表工作桌，藍色代表器材）

　　當然，不同的供餐形式及製作方法也會影響廚具種類及數量，例如速食業者多採用半成品冷凍食品，餐點多用油炸類或煎板類機器，此與醫院中較平淡的伙食製作方法大相逕庭。雖然各製備中心的器材種類不同，但若安排類似者集中或相連，也許可以方便排油煙罩的設計。至於公用設備如：工作桌、水槽等，為節省廚房空間，管理者不妨預先安排使用時間表，相互分享以免衝突。

　　各中心的大小完全視供應份數、員工人數及器材種類而定，一般而言，各中心的長寬大約在2.7*1.8平方公尺之間，分工愈細則製備流程愈順，流動愈少則需要的面積也愈小，工作道與交

通道（1～2公尺寬）也應算計在內。多考慮各器材門的開閉方式及運輸推車的使用空間，爲了有效利用空間，不妨將零星的鍋、盆、鏟、杓等器具高掛架上或存放桌下，有次序編列放置以便利工作。

通常，熱食製備區的器材不但高溫危險，四周環境也比較悶熱，爲了改善此區不利的工作環境，中央空調及功能甚佳的排油煙機都是必備的設計。溫度是影響環境的重要因素之一，隨著季節變化而略有不同，一般廚房溫度大約維持在攝氏18～20度（冬天）／24～26度（夏天）最理想。廚房內的溫度／濕度若過高，不但食物易腐壞，更易孳生病媒蚊蟲。

機械式的通風系統（排油煙機、抽風扇等）可以讓廚房維持在負壓的狀態 (kitchen negative pressure)，使得外場的正壓空氣流入廚房，廚房內的氣味不會流入外場，影響顧客用餐。通常廚房內應每小時換氣30～36次，換氣公式：〔室內空氣（體積）*預定換氣次數 = 每小時換氣量〕，例如一間廚房長10公尺，寬10公尺，高3公尺，而每小時換氣30次，則此廚房每小時必須排出10*10*3*30 = 9000立方公尺的空氣，才能使廚房空氣通風良好。

此外，廚房的瓦斯警報器、一氧化碳偵測器、煙霧警報器和滅火器等也都是重要的警報器材。業者更應遵循若干環保法規，例如「餐飲業油煙空氣污染物管制規範及排放標準」等，以確保工作人員的安全。

㈤冷食／飲料製備區

此區設備依供餐性質而有所不同，舉凡冷食、飲料或即將供應的前菜都會在此做最後一次的裝盤修飾才會交由服務人員送出。由於工作內容十分複雜，大致可區分爲下列幾個製作中心來

擔任，例如：(a)沙拉冷盤中心；製作沙拉、冷盤、涼拌菜、三明治等，(b)冷／熱飲料中心；咖啡、茶、果汁、飲料等，(c)點心裝盤中心；各式冰淇淋／蛋糕／甜點的切塊、裝盤與修飾，(d)水果切盤中心；除了水果切盤之外，亦擔任各式菜餚盤飾或蔬菓雕刻的服務（表5-1）。有些餐廳會縮小此區只容納沙拉冷盤中心，然後將其他各中心的工作挪交給吧台來擔當，如此將節省不少廚房的使用空間。有些餐廳會完整地保留此區，尤其在早餐或宵夜的時刻負責一切簡易的製備工作，例如：煎蛋、三明治、咖啡、點心等，在設備的使用上也相當便利。有的地方只有師傅一至二人來負責上述四項工作，也有分工極細，由不同的師傅製作不同的食物。總之，該區的重要性不亞於熱食製備區，只是在空間的安排上將有不同的做法而已。

由於冷食／飲料製備區是食物供應前的最後一站，所以它與供應區的關係十分密切。此外，冷藏／冷凍庫、熱食製備區、烘焙區等也都是此區的上游供應來源。如果部分的蔬菜水果已在蔬果前處理區完成預製，在製作沙拉冷盤時將可節省不少的時間與空間。此區應備有簡單的水槽和工作桌，此外一台小型的攪拌機可調配沙拉醬，切片機可協助三明治的製作，最重要應該就是完善的冷藏／冷凍設備，例如：立式／桌面式冷藏／冷凍櫃、冰淇淋冷凍箱、製冰機、滑門式展示櫃、步入型後補冷藏櫃等（圖6-24, 6-25）。製作沙拉的桌面式冷藏櫃可分格存放蔬果，上下可同時產生冷藏效果，最為便利。

許多台車、冷藏櫃或保溫車都裝有輪腳，不但方便移動，更可將其推往他處做暫時停放，避免佔用場地阻礙交通。例如：大量製作沙拉或點心切盤時，應先將餐盤放在大型托盤上，食物分裝完畢後，再將托盤一一架入分格的台車中，然後用塑膠保鮮套覆蓋送回冷藏室暫存，這些多層次的台車可以在大量生產時節省

龐大的工作空間。

　　無論何種冷藏／冷凍設備，因為雜物存放常有氣味交叉污染或清潔衛生的問題，建議將食物事先用保潔膜包裹再放入食品保鮮盒中，以確保食物的新鮮。在冷／熱飲料中心除了水槽與工作桌外，各式煮沸器材、咖啡機、蔬菓壓汁機也應齊全。成品可由廚房向外供應，亦可挪至餐廳中的大型供應台由服務人員盛裝，詳細請參考表5-5「廚房輔助器材與設備檢查表」。

(六)烘焙區

　　在烘焙區所生產的產品不外乎是麵包、蛋糕和點心。如果供餐份數不多，而廚房面積又有限時，許多餐廳會採購現成商品來供應，以節省烘焙區的空間。如有必要，亦可將某些烘焙器材與熱食製備區直接相聯，如此可共用部分桌面、水槽、烤箱等設備，增加一些經濟利益。不過最理想的烘焙區應該是獨立空間並備有冷氣／空調設備，因為許多精製的產品需要在較低溫狀況下完成，而過熱烤箱所帶來的高溫，不但降低產品的品質，亦容易使工作者煩躁疲倦，所以一個完善的烘焙區必須十分注意周遭環境的溫度控制。

　　在烘焙區所使用的材料，多直接來自乾庫房或冷藏／冷凍庫（櫃）。生產出來的麵包點心，可能會在本區再加工／分割／裝盤，或直接送往冷食製備中心代勞，完全視供應方式及產品設計。由於此區的工作活動範圍較大，故在走道及器材使用上應保留較寬廣的面積，例如：為便利揉麵、整型等動作，工作桌不但比一般的略大，桌面也比一般低約5公分左右以增加力道。通常，工作桌會置於此區的中心以方便雙面使用，桌下還可放置麵粉缸、糖缸等原料，不但使用方便，亦可節省材料的存放空間。一般桌長約2～2.5公尺，寬約100公分，木製或不銹鋼製最常用，大理石製更理想，因為它不但方便揉壓，更能降低溫度，

增加品質的效果。桌邊宜略高出2～5公分，可阻止麵粉材料的灑落。

在烘焙區可依工作的需要概分為幾個中心，例如：攪拌麵糰中心、分割整型中心、醱酵烘焙中心、酥皮製作中心、蛋糕製作中心、內餡製作中心、點心裝盤中心等，各中心的器材設備雖有不同，但皆可互相支援並用。除基本所需的工作桌、水槽及台車外，攪拌機、切割整型機、凍藏發酵箱（圖6-27）與烤箱（圖6-12，6-13，6-14）都是重要的器材。

小型的乾貨架及冷藏／冷凍櫃不但可存放一些材料，亦可做為半成品的臨時寄放地點。此外，烤盤冷卻架可分層存放剛出爐產品，不但安全隔離，亦可節省散熱空間。烘焙區的烤箱宜靠牆停放，與工作桌及人員保持相當的距離以避免高溫傷害，至於各類器材設備的數量則視生產需求的計算。詳細請參考表5-5「廚房輔助器材與設備檢查表」。

第五節　用餐與餐食供應

(一)供應區的重要性

食物製作的最終目的就是將成品在品質最佳的狀況之下呈現給消費者，他們不僅可享受色與香，更可品嚐最好的口感與溫度，這些大多發生在食物剛製作完成的時候。然而，隨著時間的加長，或其他保溫與加工的手續，當顧客再拿到同樣的菜餚時，溫度與品質已經做了相當大的改變。因此，如何縮短製作與顧客用餐的距離和時間，讓食物的品質保存，就成為供應上最大的一項挑戰。

吧台服務可能算是最直接的供應，因為吧台之後就是製備工

作台，製作者往往也就是供應者，食物從做好到供應只有瞬間，品質當然穩定。餐桌服務式的供應雖然假手服務人員，但相隔的距離與時間也甚短暫，倒也沒有品質不佳之虞，總之，這類現點現做的食物多是小量，無論是製作時間或供應距離，都不足以威脅食物的品質。唯大量製作的菜餚，需經保溫、包裝和配送的程序，才是餐飲業最棘手的問題，例如：學校營養午餐、工廠員工伙食、醫院病人伙食等，如果不是非常注意製作技巧、供應的方法與設備，勢將無法掌控品質，造成無謂的浪費。

㈡供應區的設施與器材

在籌劃供應區的設備時，除要把持節省空間與經濟效益的原則外，下列各項也是考慮的重點：

1. 具有保存食物最佳品質的功能 (preserve qualities)
2. 提供最迅速直接的供應流程 (fast & efficient service)
3. 保有和諧順暢的供應氣氛與方式 (hospitable atmosphere)
4. 注重食物本身的衛生、安全與可食性 (food sanitation)
5. 注意硬體設備的功能與安全 (accidents prevention)
6. 減少顧客與服務人員動線間之衝突 (trouble-free)

許多成品在製作完成後無法持有過長的保存時間 (holding time)，例如：咖啡、蔬菓、水果等，不但顏色極易轉變，組織也會變老。如果高溫又長時間保存菜餚；如自助餐，食物彷彿反覆加熱盡失美味。如果保存菜餚溫度過低又像在培養細菌一般，危險度更高。如今，許多業者嘗試從HACCP的角度檢討保存的溫度 (holding temperature) 規格，例如：主菜肉類可保存在60～65℃之間，湯及熱食約在85～88℃之間，涼菜沙拉則在4～8℃之間 (Mill, 2007)。易變色者溫度不宜過高，高脂肪與高蛋白質的保存時間則不宜過長。總之，在選購保溫器材時，要以能控制溫

度且能調整溫度者最為理想。

供應區的設施可能會突顯於餐廳中間（例如自助餐台）；可能會若隱若現地存在於廚房與餐廳之間（例如服務生取拿），亦可能化為一排輸送帶的組合線來執行組合的工作（例如團膳配餐）。如果供應區的設施具有高溫或危險的設計，勢必威脅到用餐者或服務生的安全。所以不論它的形式如何，最重要的是其功能與安全性。它不但提供最迅速流暢的供應動線，亦帶給使用者舒適和諧的感覺。故在設計時，不妨從多方角度觀察，並演練各區域間之銜接時間與距離。

此外，燈光的明亮、地板的防滑、環境的清潔與器具的衛生都可提升此區的標準規格。餐廳室溫的管控很重要，如果冷／暖氣出口保持在15～20℃，相對濕度50～60%，外場正壓通氣大於廚房烹飪區，再配合10～20 cfm (cubic feet per minute) 的通風率，相信供應區可以帶給客人更舒適的用餐環境。依據美國空調工程師學會 (ASHRAE; American Society of Heating, Refrigerating & Air-Conditioning Engineers Inc.) 的標準，最適當的室內通風率 (cfm) 乃指每分鐘引入空氣流通量約20立方英尺；相當於9.2升／秒。表5-4列出餐廳各區域的建議通風率當做參考。

表5-4　餐廳各區域的建議通風率

餐廳區域	最小值 (cfm)	建議值 (cfm)
餐廳 (dining room)	10	15-20
吧台 (bar)	30	40-50
大廳 (lobby)	7	10-15
吸煙室 (smoking lounge)	60	--
廚房 (kitchen)	30	35
辦公室 (general office)	15	15-25
盥洗室 (restroom)	20	30-50

參考資料：ASHRAE Handbook: Fundamentals. (1997). American Society of Hoating, Refrigerating, and Air Conditioning Engineers. Atlanta, GA.

㈢餐桌式供應中心

　　由於餐桌式的服務多由服務人員來做點菜與送菜的工作，故位於廚房與餐廳之間的供應區比較隱密，出入口不顯現，且常用欄杆、屏風或盆栽來隔離，最重要的是保持安靜，不讓廚房中的吵嘈與炙熱宣洩到餐廳。服務人員的主要工作約分三類：⑴將點菜單送至廚房；⑵從廚房取菜送至顧客；⑶將使用過後的髒碗盤送回廚房清洗。在有制度的餐廳中，服務人員可分為二類，一種負責上述⑴⑵項工作，而另一種則負責第⑶項工作，原因是不希望一雙手同時接觸到清潔與用過的器皿，如此可給予消費者更大的信心。

　　至於服務生點菜與取餐的途徑 (route of travel in picking up selective meals)，可參考三種路徑設計：圖5-18是利用窗口來做聯絡，服務人員並不進入到廚房中取餐；圖5-19與圖5-20則是服務生開放式直接進入廚房取其所需，由多個供應台供應。窗口式的點／取餐直接且方便，廚房人員單純，隔離效果較佳，也比較適合小型且供應份數不多的餐廳。至於大型的餐廳較適用開放式的進出，利用服務人員做補充餐具、簡單打湯或提供飲料等服務，可以節省一些師傅們的組合工作，省時省力。唯該區的安靜度必須再加強，走道宜增寬，進出口的動線必須一致以免衝撞。

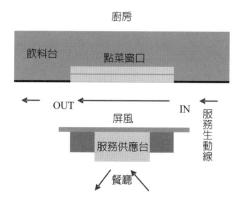

圖5-18　服務生窗口式點／取餐途徑

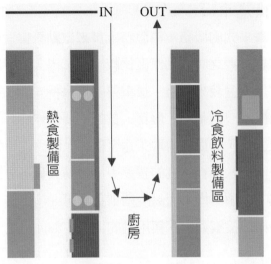

圖5-19 服務生單門進／出入廚房的點／取餐途徑

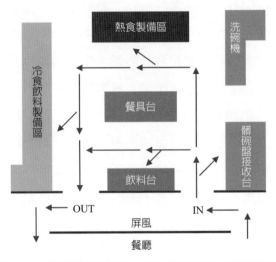

圖5-20 服務生雙門進／出入廚房的點／取餐途徑

　　為了要即時服務剛進入餐廳的顧客，在餐廳中應準備幾個服務供應台 (service station)，小型櫃台可放置一些菜單、水杯、餐巾紙、餐具、冰水、胡椒鹽罐等物品，一來可節省時間往返取拿，二來可做即時性的補充與供應，給客人最週全的服務。服務台的設計宜靠牆或靠柱，簡單大方，每個服務台約能服務周邊

15～20位客人。若餐廳過大，則不妨在其中加設一台較大型的服務供應台 (central supply station) 做為各小服務台的補給處，不但提供冰水與餐具，還包括簡單的飲料（茶、咖啡）、小餐包、熱湯等；類似吧台，等於是將最簡單且固定的餐食搬離廚房，由服務生取拿供應，不但可簡化廚房的工作，亦可有效運用人力，增加服務的功能。由於服務台位於餐廳之內，故其擺飾與器具必須美觀耐用，注意其功能性、安全性及交通便利性，詳細請參考表5-5「廚房輔助器材與設備檢查表」。

㈣自助餐式供應中心

自助餐廳 (cafeterias) 乃是用一系列的保溫供應台 (serving line) 來呈現食物，由消費者依其所好選擇。這種供餐方式除了常見於學校、工廠外，許多商業性的餐廳也競相效尤。它的優點是能在最短的時間內供應最多的客人，使用的內部員工較少，顧客也可以先目睹再取拿自己想要的食物，付款簡單且自由方便。供應的速度與菜式、數量及付款方式有很大的關係，常見的供應線多呈**直線形** (straight-line)，此線的背後如果直接與製作區相鄰，可節省許多送菜的時間與路徑，唯廚房的油煙與吵雜聲可能會妨礙到供應區的寧靜，加設隔離屏風是一種選擇。

如果供應台的客人眾多，單條供應線無法負荷時，可加設雙條甚至三條供應線。直線型供應線雖然能保持秩序，卻常因排隊冗長反而延緩取餐的速度，故一種所謂**分散型** (scatter design) 的設計因應產生（圖5-21），顧客可依其喜愛至各區選拿，最後再回到櫃台結帳，亦可先付費再用餐，稱為buffet。圖5-21的右下方為髒碗盤接收台，緊鄰廚房洗碗機完成清洗工作。

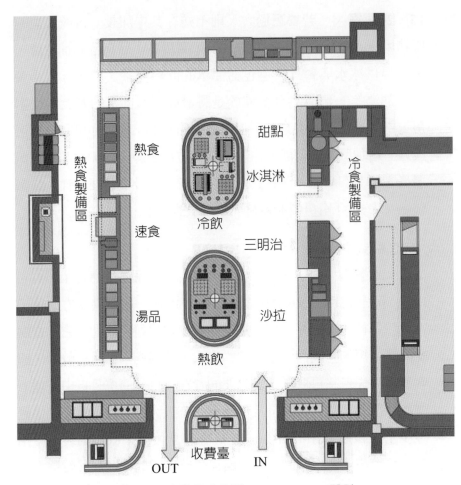

熱食

甜點

冰淇淋

熱食製備區

速食

冷飲

三明治

冷食製備區

湯品

沙拉

熱飲

收費臺

OUT　　　　　IN

圖5-21　自助餐分散型 (scatter design) 設計

　　在自助餐供應區的空間分配上，除了要考慮進出口順暢外，亦要保留足夠大的等候與排隊空間。食物補充路徑不宜取道座位區，不但與顧客動線衝突，亦無法保證衛生安全。餐廳內設有清楚的標識可引導顧客排隊、取餐和結帳，放大的菜單更可幫忙顧客提早選菜以節省時間。餐盤與餐具的放置地點可準備若干處，以防顧客遺忘或需臨時補充，最好有較大的指標以免顧客四處詢問。

自助餐的設計應注意**供應台** (food bar) 保溫效果、亮度、光線、衛生與安全。菜餚的擺置可以提示用餐順序，例如：開胃菜、沙拉、主菜、點心等。餐盤擺置不擁擠，最好每道菜佔供應台寬60公分左右；相當於一個顧客的正面寬度，可給人舒適不壓迫的感覺。黃色的燈源讓菜色有吸引人的色澤，清涼流動的空氣更能增加人的食慾。事先分配裝盤 (portion) 的菜餚，不但方便客人取拿，更能加速供應台的流動量。過多堆放常被疑為剩餘或銷售不佳的產品，故供應台不宜放置太多，少量補充會有供不應求的感覺。供應台上的玻璃片雖有隔離客人口沫的功效，但距離過高或過低都會造成供應的不便，尤其是保溫台上的水蒸氣容易造成視線模糊，反而失去其意義。供應台前的滑軌應比檯面略低，寬度略寬，邊緣略高以防拖盤滑出。市面上許多供應台下方裝置輪腳，在重新組合或挪動上十分的方便。其他設備如自動彈起的托盤架或保溫餐盤也十分方便 (tray/dish cart/utensils compartment)，詳細請參考表5-5「廚房輔助器材與設備檢查表」。

櫃台結帳應具有隱密性及效率性，一覽托盤中的產品且迅速結帳，可加速隊伍的前進。此外，自行清理餐盤的設施也應計劃周全，餐廳中有蓋的垃圾桶及髒碗盤接收台可迅速消化用餐者的廢棄物（圖5-22、5-23）。在清理餐盤的路程設計上不可與取餐者相同，否則易起衝突亦會引起用餐者的不悅，故進出口應分置兩處，可能更有疏散人群的效果。

圖5-22　櫃架式接收台可暫存大量髒碗盤

圖5-23　接收台背後可從容處理大量髒碗盤

㈤裝配線式供應中心

　　所謂**裝配線式供應** (assembled meal service) 是指食物在中央廚房製作完成後，先經過分裝與儲存的手續，在相隔一段時間或距離後，才做正式的供應。例如醫院的伙食是利用輸送帶的傳動，將一盤盤的病人飯菜分配完成，在極短的時間內，藉保溫餐車的效果趁熱把食物送到病人手中。又如學童的營養午餐可在中央廚房製作完成後，依份數冷藏送往各學校單位再做加熱供應；飛機上的用餐亦是以相同的方法先行急速冷藏冷凍，在空中再加熱供應。其他如外燴的製作，旅館的客房用餐或販賣機的包

裝食物，都是以類似的方法先行保存食物，在相隔一段時間或距離後才做供應，這種大量食物製作包裝的設施就稱為**裝配線** (assembly line)。

　　裝配線是一條可調整速度的輸送帶（圖5-24），配餐人員可將製備完成後的食品依序排列在輸送帶的兩旁，啟動後，隨著帶子的傳送，將各式菜餚組合在盤中或盒中，經金屬偵測器檢查後包裝，可直接送往供應，亦可先暫存冷藏，此乃**餐盤組裝系統** (tray makeup system)。此時，食物供應源應充足，人員的位置與食物的位置要搭配得宜。輸送帶傳輸如果太快，雖然縮短工作的時間，卻有可能會降低組裝的品質；如果帶子轉動過慢，食物溫度驟降，對於品質亦有不良的影響，故輸送帶的速度應調整在工作人員的能力範圍之內。

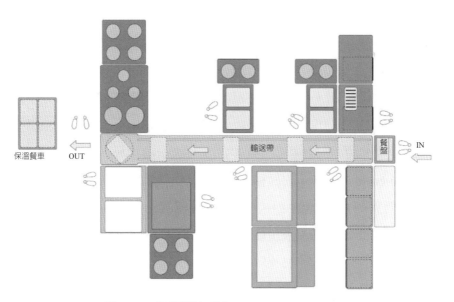

圖5-24　餐盤組裝系統 (tray makeup system)

第六節 清潔保養

(一)清潔保養區的意義

餐廳／廚房除了維持正常製作與供應外，也包括一切器材設備的清潔保養工作。定期的維修不但能延長硬體的使用壽命，更可避免因污垢積存所造成的食品衛生或工作傷害等問題。所以，一個健康完善的用餐與工作環境，它的背後應有一支強而有力的清潔維修團隊來支援。

餐廳／廚房的清潔保養區約可分為：餐盤器皿清潔中心、烹飪器具清潔中心、廢棄物處理／器材保養中心。

(二)餐盤器皿清潔中心

當客人用餐完畢，餐盤器皿常以不同的方式送回廚房做清洗的工作；餐桌服務式的餐廳是由服務生送回；自助式餐廳則由客人自行送往接收台。不論是以那一種方式呈現，此區在接收的第一站應保持現場清潔衛生，絕對不可出現殘湯剩飯等不雅的景象，此外，該區應保持安靜，以免影響其他用餐者的情緒。在尖峰時間，餐具回收的速度與數量龐大，如何迅速消化這一大批的髒碗盤，就成了回收站的一項挑戰。**髒碗盤接收台** (soiled-dish table) 的面積大小，可以用每個人的餐具個數來計算（西餐約15～20件，中餐約3～5件等），也可以用客轉數／小時 (turnover rate) 來預估（餐廳約1～1.5，自助餐約2～3），亦可用工作人員的數目及效率來衡量。一般而言，髒碗盤接收台在規劃時應比正常容量擴大約25%，以備不時之需。

當接收台的面積不足以應付龐大餐具湧入時，過度的疊放會造成餐具跌破損失，故在設計時應從多個角度來推算，例如：一般供應量或假日宴客量等，並時時訓練服務生或用餐者養成分類

的習慣，一來可節省員工的工作，二來可減少堆放的空間（圖5-22、5-23）。如果實在無法應付時，只好先暫時存放在推車中，等尖峰時間過後再推回清洗。

當髒碗盤接收後，就開始進行清洗的工作：

1. 丟棄使用過的紙巾或免洗餐具。
2. 將刀、叉、湯匙、筷子等用具浸泡在清潔劑水桶中。
3. 將玻璃杯或湯碗中的殘菜剩飯倒入餿水桶，另外存放。
4. 預洗 (pre-wash)，用47-57℃左右的溫水高壓沖洗碗盤，強有力的水柱不但可去除黏著物，溫水還可帶走一些油脂，爾後分類存放。
5. 若使用洗碗機，可將各類餐具分門別類放入洗碗籃中，推入洗碗機，進行清洗、消毒、烘乾等程序。若是人工清洗，則以三槽式將各類餐具進行浸泡、清洗、消毒、瀝乾等程序。
6. 檢查餐具是否有破損，挑出報廢。
7. 將乾淨的餐具移至儲存中心，分類擺置以便下次使用。
8. 如果使用地點是病房，需將餐具送往紫外線照射箱進行二次消毒殺菌。

如果餐盤用具的使用量大或週轉率高的話，應考慮使用較大的機型及較寬廣的空間。洗碗機有單槽、雙槽或多槽的容量，無論是固定式沖洗或循環水沖洗，都應注意水溫是否符合標準。一般而言，加有清潔劑的水溫應在60℃左右才有清潔的效果，洗清 (rinse, 71℃) 後消毒的水溫則應高達82℃（連續10秒）才有殺菌的功能。高溫有助於水分的蒸發，碗盤乾得比較快，所以，在做存放餐具的工作人員最好要戴著保護性的手套，以免高溫蒸氣的灼傷。此外，擔任刮除髒碗盤的員工絕對不可和存放乾淨器皿的員工為同一人，否則前後交叉污染，白忙一場。

高溫三槽洗碗機 (heavy-duty three-tank dishwasher machine)（圖5-25）以履帶方式將洗碗籃依洗滌程序完成沖洗、清潔劑、清洗、消毒、烘乾工作，量大適用於中央廚房。為避免澱粉脂肪的殘留，餐廳常常使用洗碗機做高溫清洗和熱風乾燥，故現場應配置熱水系統及抽熱排氣系統。環境中的噪音分貝較高，操作者宜配帶耳塞以免耳鳴。

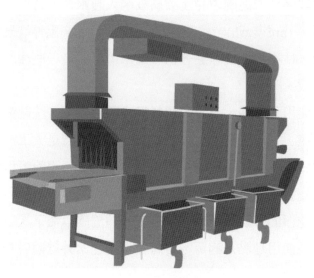

圖5-25　高溫三槽洗碗機

　　地板建材宜選擇不滲水、耐酸鹼、耐腐蝕、易清洗、防滑等特質。地板與牆的接縫處應保持半徑5公分的圓弧角，地面保持1.5/100～2/100公分的斜度以防積水。廚房中的排水系統宜保持暢通，可加裝攔截固體雜物的設施，並定期清理。洗碗間的水溝寬度約20公分，底部呈圓弧角保持2/100～4/100公分的斜度，加速排放廢水。水溝上方加裝有洞孔可搬移的平面掀蓋，方便下班後的清潔打掃。水溝後方宜裝設閘欄，以防外界異物進入廚房。

㈢烹飪器具清潔中心

本區的工作內容類似餐盤器皿清潔中心，但因烹飪器具直接接觸火源又有食物焦化殘留，故清洗的預備動作比較費力，先使用強力水柱沖刮 (scraping, 20 psi) 再浸泡 (soaking)，然後依序進行清洗 (66-71℃)、消毒 (82-91℃)、烘乾等程序。由於烹飪器具大小尺寸不一，又有正反左右內外層面，所以不易使用專業的大型機器清洗，多以手工方式處理。三槽式水槽的尺寸如下：寬60公分、前長70公分、下深30-36公分、底高60公分、槽高96公分。其他環境細節一如第四章第三節所提。

㈣廢棄物處理／器材保養中心

至於餐廳餿水的存放與移出、大型運輸器材的清洗與保養、截油槽的處理等，都將是後場單位人員的主要工作。根據前述㈡餐盤器皿和㈢烹飪器具清洗中心所產生的廢棄物，部分殘食集中在餿水桶中，當做熟廚餘處理。部分殘渣則流至「殘菜傾倒槽」中集合，如果下水道完善；有市區鄉鎮的統一污水處理單位掌控的話，也許可以使用打碎機將殘渣放水流出，此乃**漿化法** (pulping)。但目前仍需在地者一起進行環境保護的工作，所以採用**研磨法** (grinding)，利用脫水處理機將打碎的殘渣脫水榨乾成半乾性固體（減量為1/6）（圖5-26），最後送到廢棄物處理中心統一處理（焚燒、掩埋或堆肥）。

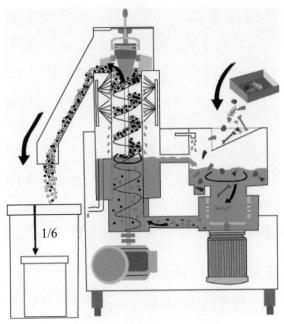

1/6

圖5-26　殘渣研磨脫水處理

　　目前廚餘的分類與處理方式包括，⑴**生廚餘**：例如果皮、菜葉、果核、菜根、殘渣、蛋殼、殼貝、骨頭及殘渣脫水物等，先研磨打碎，再以生化方式將有機物變換為安定腐植質，將廚餘變成有機肥料，此乃堆肥化。⑵**熟廚餘**：例如剩餘米食、麵食、豆食、熟肉及零食等，多交付廚餘收集車，集中後進行廚餘破碎和雜物剔出，用蒸汽鍋爐加熱槽內廚餘，最後送往豬舍。

　　餐廳廚房的廢棄物不得堆放在食品生產／包裝／運輸的作業環境中，至於瓶罐、紙張等回收品亦應先分類再清洗存放，避免蚊蠅老鼠的滋生。放置場所不能有不良氣味或有害氣體的溢出，以免造成人體的傷害。最後紙張回收、瓶罐回收皆可由回收廠做**壓密法** (compaction) 處理，其他雜物的掩埋或焚燒 (incineration) 均有污染空氣／土壤／地下水之虞，較不理想。若有危害環境的化學清潔物品或腐敗廢棄物，宜用特別儲存桶存放再交由清潔隊員處理。

第七節　實驗品管中心

實驗品管中心是專業營養師與品管／檢驗人員的辦公室，從員工的衛生安全管理到食材採購、製作到出餐都是他們的管控範圍。其他軟體工作包括：菜單設計（DRIS熱量計算）、配膳包裝HACCP的中心溫測管控、央廚廠房與設備數量的產能計算、食材（農藥）與水質（PH值）自主送檢、蔬果截切檢驗、廚師衛生講習、廚餘回收証明等。工作人員（人流）與物料（物流）也應分道進入中央廚房內作業。

硬體工作則包括：配膳包裝線檢查（材質／耐溫／金屬感應器／密閉熱封膜機偵測）、配膳塑膠籃衛生檢查、生熟食刀具菜板檢查、進／出廠（酒精）消毒作業、自動發電機及儲水塔檢查、環境委外消毒等。

細項的設備管理還包括：樹脂地板（易清洗不濕滑）、水溝／明溝設計（排水協度1/100）、炫光防蟲簾、電眼式洗手消毒室、紫外線殺菌燈、緩衝區管制、作業區牆壁與地面、高溫高壓清洗機、火警警報器、急救器材、冷藏／冷凍櫃定期維修證明、空氣門、浴鞋池等，可謂內容繁多，責任重大。

第八節　出貨配送中心

一般供餐單位均設計有裝卸碼頭 (stock) 來管制進出貨，早上是進貨驗收區，中午以後則是團體伙食承包的出貨區，現場環境設施一如驗收區的描述。但是，理想的出貨配送中心應與進貨驗收區分開執行，以免人車重疊，造成食品衛生安全的交叉污染。

出貨配送中心 (logistics) 主要負責將生產物品，以流暢的運輸程序，交付到顧客手中。出貨配送中心所管轄的是保溫餐車，除了司機

休息室、車輛保養維護外，本區應備有良好的照明設施、通訊系統、沖洗設備及排水系統，以維護現場的清潔衛生。若供餐單位無暇延伸另一工作部門，或無空間配置此部門，可考慮外包模式。

表5-5　廚房輔助器材與設備檢查表
Kitchen Equipment & Facilities Checklist

參考資料：Almanza, B.A., Kotschevar, L.H., & Terrell, M.E. (2000). Foodservice Planning: Layout, Design, and Equipment", 4th ed. Prentice-Hall, Inc. Spears, M.C. (2000). Foodservice Organizations. A Managerial and Systems Approach, 4th ed. New Jersey: Prentice Hall.

1. 硬體設施與能源 Physical Plant & Utilities

Gas　瓦斯與天然氣管線	Steam　熱／蒸汽管線
Electricity　電力設施	Sound control　噪音防治
Water　自來水源	Ventilation　通風與空調設施
Lighting　照明設施	Refrigeration　冷氣系統設施
Hoods & canopy　抽油煙機與圍蓋	Fire prevention　防火器材設備
Plumbing & grease trap 廢棄物排放與截油槽	Floor, walls, & ceilings 地板、牆壁與天花板
Transportation & mobile equipment 送貨電梯與運輸器材	Waste management 廢棄物與回收物品管理
Telephone　通訊設施	

2. 驗收與儲存區 Receiving & Storage

Covered dock/receiving area 驗收區碼頭	Garbage storage area 垃圾箱回收區
Scales　磅秤	Conveyors　運輸設施
Mobile equipment　運輸工具	Storage equipment　貨架
Temperature & humidity indicators 庫房溫濕度顯示器	Refrigerators　冷藏／冷凍庫
Cleaning equipment　清洗設施	

3.蔬果前處理區 Vegetable Preparation

Rack for root vegetables　根莖類蔬菜架	Platform truck　平台推車
Vegetable cutter & attachment rack 蔬菜切割器與附屬欄架	Mobile storage containers, racks 移動式暫存籃架
Peeler　削皮機	Mobile mixing bowls　可動式攪拌碗
Cleaning sink & drain boards 清洗槽與滴水板	Work table with storage for small utensils 可儲存小器皿的工作台
Waste disposal　廢棄物棄置區	Wire baskets　金屬籃架
Knife rack　刀架	

4.肉類前處理區 Meat Preparation

Meat block　切肉板	Tenderizer　肉槌
Butcher's bench　屠宰台	Saw　鋸子
Chopper & grinder with tamper 肉類切割器與絞肉機	Sink & drain board 水槽與滴水板
Overhead conveyer　輸送帶	Work table with drawer　抽屜式工作台
Knife rack, tool rack　刀架，工具架	Utility car　多用途推車
Molder or patty machine　肉餅模型機	Breading equipment　裹衣處理器具
Slicer　切片機	Mobile tables　移動式桌子

5.熱食製備區 Cooking Section

Ranges, griddle, broiler, salamander 瓦斯爐台、煎板爐、碳烤爐、明火烤箱	Refrigeration & low–temperature storage 冷藏庫與冷凍庫
Deep-fat fryer　油炸機	Knife rack　刀架
Roast ovens　烤肉爐	Mobile or fixed bins 移動或固定式儲貨箱
壓力蒸氣鍋　steam-jacketed kettle; SJK	Sink & drain board　水槽與滴水板
Steam cookers & drains　蒸櫃	Work tables　工作桌
Hood with lights & removable filters 抽油煙罩	Electrical outlets for equipment 電源插座
Utility carts　移動式籃架車	Fire extinguishe　滅火器

Mixer 混合器 / 攪拌機	Garbage cans on dollies 可移動式垃圾桶
Pot rack & attachment storage 鍋盤架	Utensil shelve 工具架
Cook's table with spice bins & small equip-ment drawer 廚師調理台（含香料箱及小工具抽屜）	Hot food table, bain marie, or mobile hot food cabine 熱食供餐台、雙層保溫鍋、移動式保溫櫃
Can opener 開罐器	Mobile dish storage, heated 熱餐盤保溫車
Scale 磅秤	Slicer 切片機
Fat filter 油渣過濾器	

6. 快餐與早餐製備區 Short-order & Breakfast Preparation

Griddle 煎板爐	Broiler 碳烤爐
Equipment/ tool storage & racks 設備 / 工具存儲	Storage for glass & paper service 杯子 / 餐墊存儲
Egg cooker 蛋炊具	Fountain 飲水機
Dish storage, refrigerated, or heated 餐盤儲存、冷藏或保溫	Juice extractor 果汁機
	Malt dispenser 啤酒機
Refrigerator 冰箱	Waste disposal 廢棄物放置箱
Sink & drain board 水槽與滴水板	Glass washer 杯子清洗器
Worktable with cutting board 砧板工作台	Hood with lights & removable filters 抽油煙罩
Frozen dessert cabinet 甜點冷凍櫃	Mobile tables & carts 移動式餐車
Ice cream storage 冰淇淋櫃	Cold pan 冷鍋架
Table mixer 攪拌台	Soup warmer 湯品保溫鍋
Waffle irons 烤鬆餅機	Serving or pickup counter 供應服務台
Toaster 烤麵包機	Iced tea dispenser 紅茶飲料機
Roll warmer 小餐包保溫器	Coffee maker 咖啡機
Slicer 切片機	Cream dispenser 打奶泡機
Pastry cabinet 糕點櫃	Butter dispenser 奶油擠壓機
Hot plate 熱煎板	Beverage mixer 飲料製造機
Carbonator & CO_2 tanks 汽水供應設備	Soft ice cream mixer 霜淇淋攪拌機
Ice bin 儲冰槽	

7. 前菜冷盤與海鮮製備區 Garde Manager & Seafood Preparation

Serving counter　供應服務台	Table & mobile carts　移動式餐車
Cold pan　冷鍋架	Waste disposal　廢棄物放置箱
Ice bin　儲冰槽	Reach-in refrigerator　冷藏櫃
Slicer　切片機	Utensil & tool storage　餐具存儲
Cold plate refrigerator　冷盤冰箱	Seafood bar　海鮮吧台
Dish storage & refrigerated　餐盤儲存與冷藏	Sink & drain board　水槽與滴水板

8. 宴會備餐廚房 Banquet Kitchen

Service bar　供應服務吧台	Dumbwaiter or elevators　菜梯／送餐電梯
Refrigerator salad storage　沙拉冷藏存儲	Linen storage　桌布／餐巾存儲
Tray storage, mobile or fixed　移動或固定式托盤架	Ice cream storage & fountain　冰淇淋與飲用水
Hot food trucks　熱餐食推車	Mobile equipment　移動式器材
Hot food storage　熱食保溫存儲	Supplies　雜項用品
Setup counters　佈置櫃台	Dessert storage　甜點存儲
Dish & glass storage　餐具／杯具存儲	Banquet equipment storage　宴會器材設備
Roll warmer　小餐包保溫器	Can opener　開罐器
Waste disposal or garbage facilities　廢棄物處理或設施	

9. 沙拉與三明治製備區 Salad and Sandwich Preparation

Refrigerated storage with tray slides　盤架式冷藏儲存	Mobile racks　移動式盤架
Mobile storage containers　移動式儲存容器	Worktable with utensil drawer & tray shelves　具抽屜與托盤架之工作台

Mobile dish storage　移動式餐架	Toaster　烤麵包機
Spice & dressing containers 香料與調味料容器	Electrical outlets for slicer, toaster, juicer, etc. 切片機、烤麵包機、果汁機等之電源插座
Mixing bowls　沙拉混合碗	Can opener　開罐器
Cutting boards　砧板	Bread cabinet　麵包櫃
Food cutter　切割刀具	

10.烘焙區 Bakery

Baker's bench with spice bins & utensil drawer 工作桌（抽屜附香料盒及器具）	Electrical outlets for mixer, roller, proof box, scale, warmers, etc. 攪拌機、滾圓機、發酵箱等之電源插座
Mobile bins　移動式食材車	Dough roller　麵糰滾圓機
Work tables as required　組合式工作台	Dough trough　麵糰中間發酵槽
Wooden tables for cutting & makeup 分割整型用工作桌	Proof box with humidifier 麵包最後發酵箱
Scale　磅秤	Sinks & drain board　水槽與滴水板
Mixers & storage for bowls & attachments 攪拌機與附屬器材的儲存	Refrigerator & low–temperature storage 冷藏庫與冷凍庫
Bowl dolly　攪拌缸加配輪腳	Dough retarder　冷藏緩發酵箱
Hood with lights & removable filters 抽油煙罩	Mobile racks & storage shelves 移動式存儲貨架
Tilting steam kettle, water faucet, drain 壓力蒸氣鍋 (SJK)	Doughnut machine & fryer 甜甜圈機與油炸機
Oven　烤箱	Power sifter　電動過篩機
Mobile mixing bowls　移動式攪拌缸	Mobile dish storage　移動式餐具存儲
Molder　整型壓模機	Utility carts　工具電源車
Marble–top table　大理石降溫桌面	Landing racks, mobile 移動式出貨推車
Batch warmer　保溫加熱器	Pastry stove　點心製作爐台
Can opener　開罐器	Bread slicer　麵包刀
Dough divider and rounder 麵糰分割整型機	

11.餐盤器皿清潔區 Dishwashing

Collection area, busing port, or conveyor for soiled dishes 接收台或髒餐盤輸送帶	Adequate light　適當燈光
	Mobile storage, glasses, cups, etc. 移動式玻璃杯具的存儲
Soiled–dish table with scrap block, waste disposal sorting space, & storage space for cups, glasses, silver 接收台、殘餘物與髒餐具分類堆放	Cart space　手推車空間
	Storage for detergents & cleaning materials 清潔用品與器具儲存
Dishwasher with detergent dispenser and rinse injector, water softener, booster heater, hood, hose for cleaning, and rack return 洗碗機的洗滌、清洗、熱水、消毒等設施	Sink & table for glass washing 玻璃器皿洗滌槽及桌子
	Clean dish table or machine extension 清洗盤具存放桌面
	Locked storage for valuable silver 貴重銀器鎖存
Silver washer, dryer, & burnisher 餐具的洗滌、烘乾、磨光等設施	

12.烹飪器具清潔區 Pots & Pans Washing

Pot washer or pot sink (three compartments) tables, overhead spray 烹飪器具清洗等三槽式設施	Pot storage, fixed or mobile 移動或固定式鍋子存儲
	Pot scrubber　鍋子洗滌器／刷子
Waste disposal　廢棄物處理	Mobile soiled and clean pot table 移動式髒或清潔的烹飪器具存放桌面

13.垃圾處理與一般清潔 Garbage Disposal & General Cleaning

Garbage cans or waste disposal 垃圾桶或餿水桶	Garbage can storage　瓶罐儲存桶
Garbage disposal area, refrigerated 廢棄物處理（冷藏）	Well–placed floor drains　地面排水溝

Janitor's closet　清潔人員衣櫃	Mop truck and facility for filling, emptying cleaning, and storage 各式清洗工具和存儲空間
Hot water & steam hose　熱水與蒸汽管	
Detergent & supply storage 清潔劑與用品存儲	Mop sink　拖把槽
Kitchen lavatories, waste container, soap & towel dispenser 廚房與洗手間的垃圾桶、肥皂與毛巾	Drying rack for mops　拖把烘乾架
	Recycling containers　回收用品容器
Adequate storage area　適當的存儲空間	Can crusher　罐頭破碎機
Can washer　洗罐機	Baler　打包機

14.桌布餐巾供應 Linens

Towel washer & drier 洗毛巾機與烘乾機	Sorting table　分類桌
Soiled linen hampers and bags 骯髒布巾堆積與包裝外送	Linen storage：uniforms, aprons, towels, table linens 清潔桌布、餐巾、制服、圍裙、毛巾等

15.用餐區 Dining Areas

Tables, chairs, booths, settees, benches 桌椅、包廂、長沙發、長椅	Cash register　收銀台
Wait staff service stands, counters, wagons 務站、櫃台、餐車	Rugs　地毯
Bus stands or tray stands　餐車停放站	Adequate lighting　適當照明
Dish conveyors to soiled–dish area, carts, dollies, belt conveyors 髒餐盤接收台或輸送帶等設施	Clean, comfortable air 乾淨舒適的空氣
	Water & ice supplies　水與冰供應
Counters, service, cafeteria, cashier, retail sales, cigar, candy, gift 櫃台、服務禮品台等設施	Condiment and linen supplies 調味品與布巾供應
	Silver, glasses, dishes available 可用銀器、餐具與杯子

16.酒吧或公共區域 Bar or Public

Work boards　工作板	Linen storage　布巾存儲
Sinks　水槽	Supply storage　用品存儲
Ice bins　儲冰槽	Drink mixer　飲料拌合機
Bottle cooler　飲料瓶冷卻桶	Blender　攪拌器
Beer dispenser　啤酒機	Refrigerator　冰箱
Glass & dish storage　杯子與餐具存儲	Back or center bar　固定式吧台
Stools, booths, tables, and chair 板凳、包廂、桌子與椅子	Portable bars　移動式吧台

17.包廂服務 Booth Service

Portable tables　移動式餐桌	Warmer　保溫器
Portable heaters　移動式暖爐	Supply cabinet　用品櫃
Refrigerator　冰箱	Water & ice　水與冰塊
Setup area　配置櫃台	Phone　電話
Dish, glass, and other storage 餐具、杯子與其他存儲	Linen & other storage area 布巾與其他用品存儲

18.員工工作站設施 Wait staff & Bussing Facilities

Tray stands　托盤集放	Setup tables　配置台
Water stations　供水站	Serving wagons　服務餐車
Ice bins　儲冰槽	Pastry cart　點心車
Water bottle storage　礦泉水存放	Garnish sink　裝飾出餐
Wait staff stations　工作人員暫憩	Linen, silver, & other storage 布巾、銀器等存儲

19.員工的設施 Employee Facilities

Coat cabinet　衣帽櫃	Soap dispenser　皂液
Lockers　私人衣櫃	Towel dispenser　毛巾
Toilets　化妝室	Waste dispenser　廢棄物處理
Urinals　便池	Mirror　鏡子
Hand washing sinks　洗手台	Chair or bench　椅子或板凳

第六章

器材設備的選購與製作

第一節　器材設備的選購原則

　　當廚房工作區劃分與工作流程設計完成後，下一步則是在工作區內放置正確數量與尺寸的器材設備。**現有貨** (standard stock) 雖然經濟實惠，但尺寸不一，很難顧全整場的美觀。**訂製貨** (customer-build equipment) 雖然尺寸符合現場空間，但量身製作價格不斐。一般而言，機能良好的廚房器材平均有9-15年的壽命，定期維修保養很重要。如何採購或訂製，管理者應有下列的考量：

1. **需要性** (essentiality of need)：確定所購之器材為生產必備設備，折價或贈品徒增空間需求。

2. **價格** (cost)：在考量投資方面，可以從幾個角度切入，例如：單價、裝置費用、維修保養、折舊損失、保險費、利率損失、操作費用、人事費用等。現有一器材「**生命週期成本分析**」(Life Cycle Cost Analysis; LCCA) 可做為購買的假設政策來試算 (Khan, 1987; Fuller, 2010)，若LCCA比例 > 1（或 > 100%），表示儲能（或節省）大於投資的耗費，符合成本效益，值得購買：

$$LCCA = \frac{A+B}{C+D+E+F-G}$$

　　A：節省人力費用 (saving labor)

　　B：節省物力費用 (saving material)

C：單價＋裝置費用 (cost & installation)

D：能源 (utilities)

E：維修保養 (maintenance & repair)

F：投資利率 (interest on money)

G：折現 (turn in value)

3. **功能性** (performance function)：確定能達成生產品質與數量之要求。

4. **安全性** (safety & sanitation)：符合安全與衛生的大原則。

5. **外觀設計適宜** (appearance & design)：符合使用者的基本感觀要求。

6. **多功能性** (flexibility or versatility)：一機多功能，減少空間浪費。

7. **節約能源** (general utility values)：達成節能環保的共同意識。

經過上述7大考量後，再自問自答下列的問題，才能請廠商出席討論採購事宜：

1. 此器材是現在需要還是可以以後再買？

2. 我們要如何付款？現金還是分期付款？

3. 需要購買的大小與尺寸？

4. 是否需要增加額外的周邊空間？

5. 是否影響整體的空間配置？

6. 員工是否會使用進口或科技產品？例如：英文說明或電子控觸板。

7. 是否能買到在地貨品，且具有相同功能？

8. 是否在地公司能協助維修保養的工作？

9. 是否在地環境與能源能夠配合供應？

第二節　器材設備的承造原則

當無法買到符合要求的在地貨品時，管理者必須尋找承包廠商開始訂做器材。雙方依照上述考量重點，在設計上應提示：構造簡單 (simple)、多功能 (maximum utility)、耐用 (durability)、價格合理 (reasonable cost)、衛生 (sanitation)、安全 (safety)、方便 (convenience)、材質佳 (quality)、可移動 (mobility)、自動化 (automation) 和節省能源 (utility of energy) 等原則。

設計時還要注意一些細節，例如：材質適切且無毒性，不會與食物產生不良的化學變化（例如奶製品不宜用鋁鍋烹煮等），器材方便清潔處理，無尖銳破片刺傷員工，亦無焊接不整的空隙藏污納垢，整體設計應符合衛生安全的基本要求。

許多國外進口的器材設備，雖然價格昂貴，但在製造過程中已有許多專家學者的測試評估，安全衛生不容置喙，使用壽命也比較長。例如NSF (National Sanitation Foundation) 在美國是一個廚具研究品管中心，也是一個非政府管轄的會員團體，他們從專家角度檢驗產品的性能與安全，只有符合標準者才可貼上NSF標籤 (Seal of Approval)。其他類似團體還包括：UL (Underwriters Laboratory)，ASME (American Society of Mechanical Engineers) 等。總之，許多有信用的品管標籤與驗證團體，都是我們在選購器材設備時的重要指標參考。

第三節　器材設備常用的材質

木質材料 (wood) 多用來製做貨架、工作桌或櫃台，雖然質輕價格便宜，但容易蟲蛀、變形、發霉、存污、火燒等，所以現在的廚房

很少使用木材做設備。

　　金屬類 (metal) 產品可以克服上述的缺點，唯價格較貴，維修使用不當仍容易腐蝕。常用的金屬材料包括：合金鋼製品 (steel alloys)、鍍鋅金屬板 (galvanized sheet metal) 和不銹鋼 (stainless steels) 等。其中不銹鋼的價格較貴，常用的產品為規範SUS代號No.304 (18-8) 號不銹鋼，內含18～20%鉻 (chromium) 和8～10%鎳 (nickel) 金屬，俗稱「白鐵仔」（台語）。不銹鋼的抗拉性與硬度皆強，耐化學性及氧化作用，所以不易生銹又容易焊接整型，為餐旅業器材設備的材料首選。

　　金屬板的厚度稱為「**號規**」(Gauge; mfg; manufacture gauge; thickness)。號規的編號大小與其厚度成反比，建議使用的鋼板厚度如下：

　　12-gauge（0.2657公分）：不銹鋼桌的桌腳或支柱。

　　14-gauge（0.1897公分）：桌面與一些不銹鋼器材。

　　16-gauge（0.1519公分）：桌上或下層的層架。

　　18-gauge（0.1214公分）：櫃子四周的圍板或抽屜。

　　20-gauge（0.0912公分）：抽油煙機的煙罩圍板。

當器材設備依需求訂製完成時，最後需要做**拋光** (finish) 的動作：

　　No.2D：屬於冷碾，適用於機器內部粗滑的打拋。

　　No.4：使用No.110礫石 (grit) 研磨，適用於機器表面與桌面，但過度打拋會造成鋼板變薄。

　　No.6：適用於不銹鋼餐具表面的拋光。

　　No.7：過度光滑造成類似鏡面的反射，不適用於餐廳廚房。

第四節　器材／設備採購規格書

　　當完成工作區器材需求分析後，開始預估需要製備器材的種類、大小與數量（第七章第三節）。普遍訪查或是邀約相關廠商來投標，都是採購的不二法門。此時，管理單位應準備各器材／設備的採購規格書 (Equipment Specification)（表6-1）給廠商當做指標，目的在獲得最理想且價錢最合理的產品，供廚房／餐廳員工使用。

表6-1　器材／設備的採購規格書

產品名稱： 品號（型號model）：	產品認證合格標籤： 產地（製造商）：
公司名稱／地址： 代理商／地址：	規格： 功能特色
能源訊息： 冷房能力 (Kcal/hr)，馬力 (hp)，風量 (M³/min) 電壓／功率 (110V/220V，60Hz) 能源（瓦斯、蒸汽、紅外線） 電力／消耗功率(KW)，省電效率 (E.E.R值) 室內測躁音值 (dB以下)	機體： 尺寸：寬、深、高 (mm; millimeter) 重量：公斤 (kg; kilogram) 容量：公升 (l; liter) 材質：
操作方式：	圖片附件：
其他：裝置、保養、安全與保固等服務項目	

第五節　重要器材／設備介紹

　　（表5-5「廚房輔助器材與設備檢查表」備有詳細工作中心／區器材與設備名稱介紹。）

(一)製備前材料處理區器材 (food preparation equipment)

1.複合式洗菜脫水機 (vegetable clean & remove water)：將截切後蔬果進行洗滌與脫水處理，清洗附著之泥土、蟲卵和農藥等雜物後，

脫水裝籃備用。適用於大量生產之中央廚房。

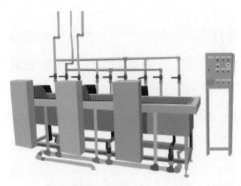

圖6-1　複合式洗菜脫水機 (vegetable clean & remove water)

2.切菜機 (vegetable cutter)：機器採用不銹鋼材質，附切割數字調
整系統，將新鮮蔬菜去根後，放入輸送帶進行截切，切割長度
1-30mm範圍。

圖6-2　切菜機 (vegetable cutter)

3. **削皮機** (vegetable peeler)：適用於根莖類食材前處理區，內部附尖銳磨砂皮，去皮後有沖洗與脫水處理，節省人力與時間。

圖6-3　桌上型削皮機 (vegetable peeler)

4. **攪拌機** (food mixer)：機座安裝攪拌缸，可隨意拆裝攪拌棒（3型），適用於烘焙房攪拌麵糰。攪拌機上方馬達轉接孔可銜接不同刀片之切割器材，亦適用於製備前材料處理區。

鉤型 (hook)、網狀 (whisk)、槳狀 (beater)攪拌棒。

圖6-4　桌上型攪拌機 (mixer)

圖6-5　直立式攪拌機 (vertical mixer)

5. **食物處理機 (food processor)**：切割型攪拌機內附旋轉刀片，可注入水讓切割與清洗同時進行，最後排水，適用於沙拉葉片的處理。桌上型切碎打泥機可將食物慢速切碎、打成泥狀或混合攪拌。桌上型食物處理機適用於沙拉醬的製作，或零星核果食材的磨碎。球型攪拌混合機適用於大量攪拌的食材，可加熱，例如：炒肉鬆、炒飯。

圖6-6　切割型攪拌機 (cutter mixer)　圖6-7　桌上型切碎打泥機 (food processor)

圖6-8　桌上型食物處理機 (food processor)　圖6-9　球型攪拌混合機 (globe mixer)

6. **切片機** (slicer)：切片機適合處理硬質或冷凍食材，以手動或電動方式完成切薄片動作，例如：切火鍋肉片、切大黃瓜片等。

圖6-10　桌上型切片機 (slicer)　　　圖6-11　直立式切片機 (vertical slicer)

(二)食物製備區器材 (cooking equipment)

1. **烤箱** (oven)：傳統式雙層烤箱 (deck ovens) 常見於烘焙房。新型萬能蒸烤箱 (combi-oven) 具備蒸／烤雙重功能，可先利用蒸氣加速食物熟度，再利用乾熱法完成外表的酥脆，是現在廚房不可缺少的重要器材。旋風式旋轉烤箱 (convection reel oven) 可推入大型盤架車在旋風式烤箱中旋轉烘烤，熱氣對流加速食物熟成，適用於大量生產之中央廚房。

圖6-12　傳統式單層／多層烤箱 (deck ovens)

圖6-13　大／小型萬能蒸烤箱 (combi-oven)

圖6-14　大／小型旋風式旋轉烤箱 (convection reel oven)

2. **瓦斯爐台 (range)**：平頭爐（西式）適用於西餐廚房平底鍋，中式炒爐則適用於中餐廚房炒鍋。保溫餐車 (insulation serving cart) 可暫時停放熟食等待最後的加熱供應，亦是醫院或團膳的供應餐車，在短時間短距離內保存食物品質。

圖6-15　西式瓦斯爐台 (range)　　　圖6-16　保溫餐車 (insulation serving cart)

3. **煎板爐 (griddle)**：大型平面煎炒薄片食物，常見鐵板燒或早餐店的餐食製作。

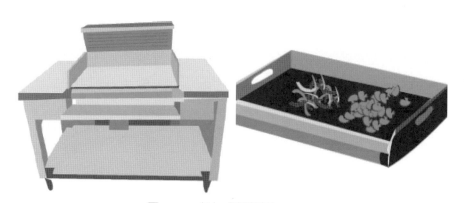

圖6-17　桌上式煎板爐 (griddle)

4. **加蓋傾斜鍋** (tilt skillet)：鍋底部類似煎板爐，因加裝圍邊與頂蓋，所以功能增加，可以同時完成煎、煮、炒、燜等功能。鍋邊旋轉把手可調整傾斜度，方便傾倒菜餚或清洗鍋底。

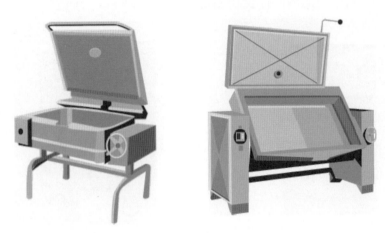

圖6-18　加蓋傾斜鍋 (tilt skillet)

5. **炭烤爐** (broiler)：直接火源來自炭烤，特殊炭香與烙痕是燒烤店的產品特色。

圖6-19　碳烤爐 (broiler)

6.**明火烤爐** (salamander)：熱源（電熱管）由上而下，使用輻射的方式來傳熱，目的在加速成品表面的焦色或融化的現象，常見焗烤類產品。

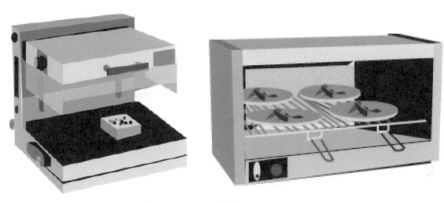

圖6-20 明火烤爐 (salamander)

7.**油炸機** (fryer; split-vat fryer)：油炸機內槽裝置加熱管，促使油溫迅速完成乾熱法烹飪，不同油炸籃可依時間與溫度的設定，區分成品的種類、形狀、大小與熟成度。

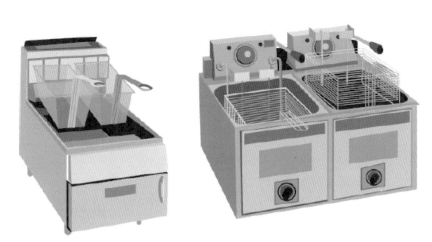

圖6-21 油炸機 (fryer; split-vat fryer)

8.蒸櫃 (steamer)：依產品模式有不同的蒸櫃或蒸爐設計，目的在利用濕熱法完成蒸煮功能。可依不同時間與溫度的設定，區分成品的種類、形狀與大小。

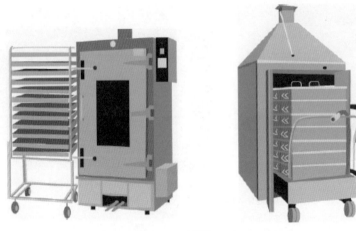

圖6-22　蒸櫃 (steamer)

9.壓力蒸氣鍋 (steam-jacketed kettle, SJK)：雙層鍋中引入水蒸氣體，內鍋食物因膨脹蒸氣而加速烹煮，卻無鍋底焦化的疑慮，可用手動或電動方式傾斜倒出液體成品，不但縮短廚師的製作時間，更可提高食物的品質。

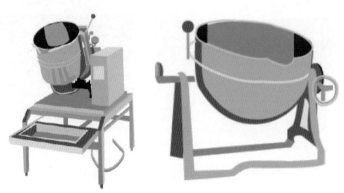

圖6-23　壓力蒸氣鍋 (steam-jacketed kettle, SJK)

（三）儲存區器材 (storage equipment)

1. **冷藏設備** (refrigerator)：中小型餐廳多使用開門式冷藏櫃 (reach-ins)，大型餐飲單位則使用步入型冷藏庫 (walk-ins)。步入型後補冷藏櫃有展示與取拿的雙重效果，急速冷凍櫃 (Individual Quick Freezing; IQF) 則是讓產品依其特性在極短時間內以超低溫凍結成型。

圖6-24　開門式展示櫃　　　　　圖6-25　步入型後補冷藏櫃
(reach-ins refrigerator)　　　　　　(walk-ins refrigerator)

2. **大型冷凍庫** (freezer)：大型冷凍庫乃量身訂製的鋼板，具防銹保溫主體，利用專利二次鎖緊技術的凹凸結合來做連接，可在工地現場施工組合，亦可拆卸移位或增減庫容量。電子式溫控調節器若溫差達4℃時，壓縮機會自動起動，製冷系統的機組安置在庫頂，亦方便自動管控。

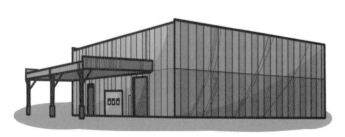

圖6-26　大型冷凍／冷藏物流中心倉庫

3. **凍藏發酵箱** (frozen fermentation tank)：發酵箱的溫度控制可以調整烘焙房麵糰的發酵時程，類似儲存。外層爲不銹鋼材質，內層爲PU整體高密度發泡，隔熱又省電。內部風冷無霜，層架亦可依物品大小自由調整。

圖6-27　凍藏發酵箱 (frozen fermentation tank)

4. **製冰機** (ice maker)：製冰盒有不同冰塊型狀，安全合格之過濾水在製冰機內完成製冰後，即刻倒入儲冰箱備用。

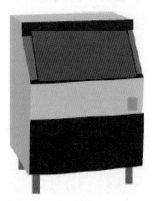

圖6-28　製冰機 (ice maker)

第七章

餐飲硬體規劃之七大階段與作圖

　　當開始進行一餐廳（供餐單位）的整體設計與規劃時，請詳細依序完成各步驟的功課：

1. 市場資料的收集 (fact-gathering)
　(1)市場調查 (market research)
　(2)構想初成 (institution design)

2. 整體空間預估 (determination of space requirement)
　(1)空間分配 (plot design)
　(2)廚房／餐廳劃分 (kitchen area vs.dining room)

3. 生產器材需求的預估 (determination of equipment requirement)
　(1)生產器材／設備數量大小評估 (preparation equipment selection)
　　Menu analysis, Equipment Needs, Bar Chart
　(2)生產器材／設備規格書 (equipment specification)

4. 廚房佈局的規劃 (development of the over-all kitchen layout)
　(1)廚房工作區流程 (sections flow design)
　　Sections Flow Diagram, Activity-relationship Flow Diagram
　(2)廚房工作區定位 (sections location design)
　　Relationship Chart, Activity-relationship Diagram, Space-relationship Flow Diagram, Evaluating Alternatives

5. 區域佈局的細部設計 (development of the detailed layout)
　廚房工作區器材／設備擺置細部設計 (work centers design)
　　Process Analysis, Cross Chart, Efficiency of Layout, To & From Tables

6.餐廳桌椅擺置細部設計 (dining room design)

7.佈局規劃設計的評估 (evaluation of the detailed layout)

　⑴整體企劃書完成 (final project)

　⑵企劃書審查與修正 (final evaluation)

Note

第一節　市場資料的收集

功課項目 (Assignment #1: fact-gathering)

1. 市場調查 (market research)
2. 構想初成 (institution design)

請參考：第二章之解釋說明與計算分析。

　　　　表2-2：餐飲機構建設之可行性調查 (Feasibility Study) 細目。

1. **餐飲單位規劃設計目的** (purpose)
   (1)營利收入
   (2)永續經營
   (3)員工薪資福利
   (4)衛生安全的工作環境和生產器材
   (5)標準的生產流程與生產量
   (6)滿足消費者期望
   (7)符合道德與名聲規範
2. **事業伙伴** (team)
   (1)老闆（投資業者）
   (2)餐廳經營者
   (3)廚師群
   (4)財務人員
   (5)建築設計師
   (6)營造工程商
   (7)器材設備經銷商
   (8)室內裝潢師
   (9)法律人士
   (10)廣告行銷人員

3. **經營型式初構 (model)**

   ⑴何種料理 (what cuisine)

   ⑵特殊菜餚 (what dish)

   ⑶供餐時段 (when offer)

   ⑷供應地點 (where offer)

   ⑸消費族群 (who eat)

   ⑹製備團隊 (who cook)

   ⑺服務團隊 (who serve)

   ⑻消費額 (how much)

   ⑼利潤預估 (how profit)

   ⑽產品規格 (what standard)

   ⑾管控團隊 (who manage)

4. **顧客的分析 (customer's characteristics)**

   ⑴客源的結構與批次人數

   ⑵客層、年齡、性別、健康狀況、宗教信仰等

   ⑶職業、經濟水準、消費能力等

   ⑷消費期望、目的、需求與喜愛等

5. **地點的考量 (selecting a site)**

   ⑴場地坪數大小、形狀、可見性、可接近性（步行最遠1公里內或10-15分鐘之內）。

   ⑵現場交通接泊、捷運公車流量、停車問題（開車最遠5-7公里之內）。

   ⑶商圈屬性（住宅區、商業區、辦公區、娛樂區、工業區、學校區），附近是否有博物館、球場、百貨公司、觀光景點等主題協助。

   ⑷同業競爭力考慮，是吸引更多消費者來分享市場？還是相互削價

破壞市場？

　⑸服務業勞動力的來源，大環境狀況（地震、下雨淹水、治安不佳等）的考量。

6. **業態的分析** (business type)

　⑴商業型供餐系統（以營利為目的）

　　小吃攤販、一般餐廳、速食連鎖業、自助餐廳、飯店餐廳、外燴業者、咖啡廳等。

　⑵非商業型供餐系統（不以營利為目的）

　　公司行號餐食外包、行政區／工業區／電子園區餐食外包、中小學營養午餐、醫療體系、會員俱樂部、監獄或軍隊的餐食供應等。

7. **業種的分析** (business kind)

　⑴業種：川菜、浙菜、台菜、素食、日料、泰菜、韓菜、西餐、速食、簡餐等。

　⑵菜單內容、供應份量、生產份數。

　⑶服務方式、供應時段、供應批次、人數限制。

8. **廚房生產系統** (production kitchen)

　⑴傳統式生產系統 (conventional system; traditional system; restaurant-type operation)

　⑵團膳生產系統 (commissary system)

　⑶現成餐食生產系統 (ready-food system; ready-prepared system; cook-chill or cook-freeze kitchen)

　⑷便利食品生產系統 (convenience food system; assembly-serve system)

9. **財務分析**（請參考第二章）

　⑴餐桌空缺率 (vacancy %)

(2)客席利用率（＝1－餐桌空缺率）

(3)餐桌使用率；客轉數（翻桌率；turnover-rate）

(4)單餐營業額＝客數＊客單價

＝（座位數＊客席利用率＊客轉數）＊（品目數＊品目單價）

(5)單日營業額＝早餐營業額＋午餐營業額＋晚餐營業額＋下午茶營業額+宵夜營業額

(6)單月營業額＝（假日營業額＊天數）+（正常日營業額＊天數）

(7)來客數計算：月租金÷10%＝月營業額

月營業額÷30天＝日營業額

日營業額÷客單價＝日來客數

日來客數÷供應批次＝座位數

10.同業觀察與紀錄

表7-1 同業觀察細目

店名：		地址：		
觀察日程：	星期5	星期6	星期日	星期1
地點環境：	開車	步行	交通	特定目標
餐廳環境：	桌數	服務區	燈光、音樂、氣氛	特殊設計造型
顧客分析：	客層、年齡、性別	用餐偏好	來店目的	猶豫不入之原因
	顧客回流比例	顧客忠誠度		
菜單分析：	品目數	品目單價	點菜率	剩餘率
營業分析：	人數／批	座位比例	服務	管理
消費額計算：	品目數／桌	消費額／桌	翻桌率	空缺率
	日營業額	月營業額	利潤比例	
成本預估：	食材成本	人事費用	管銷費用	租金
工作時程：	員工人數	供應時段	尖峰／離峰	供應流暢度
	員工訓練	工作時數		
廣告宣傳：	靜態	動態		
營業資本：	獨資	合夥	加盟	連鎖

第二節　整體空間預估

功課項目 (Assignment #2: determination of space requirement)

1.空間分配 (plot design)

2.廚房／餐廳劃分 (kitchen area vs.dining room)

請參考：第四章之解釋說明與計算分析。

基本目的：有效利用空間，創造最大經濟效益，即：用最少的空間產生最大的產值。

預估原則：餐飲機構 (foodservice facility)100%空間：餐廳 (dining area，約50%)，廚房 (production area，約30%)，其它設施約20%（客用化妝間，庫房，清潔區，辦公室，員工休息區等）。

舉例說明：

1.獨立單位之廚房／餐廳空間預估

　　先從第二章估算該餐廳之每日營業額與來客人數，再參考第四章進行空間比例分配。不同型態的經營將會修正其他用地的需求空間，計算數據有助預估。

舉例說明（圖7-1）

⑴一家獨立商業自助餐廳，午餐2小時供應時間的客轉數（翻桌率）為2，中午預估來客人數為400人，故需200個座位（200人 *2 = 400人）。

⑵廚房面積預估為150平方公尺（表4-3），粗估整體空間為500平方公尺（= 150÷30%）。

⑶餐廳面積預估為250平方公尺（= 200*1.25m^2/seat）（表4-11），粗估整體空間亦為500平方公尺（= 250÷50%）。

⑷其它設施為100平方公尺（= 500平方公尺*20%）。

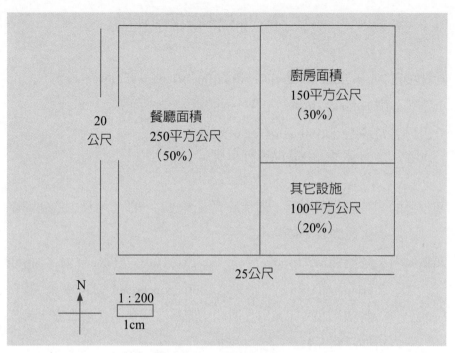

圖7-1　自助餐廳空間預估

2.連鎖單位之中央廚房／餐廳空間分配（圖7-2）

　　　續上例，若此商業自助餐廳有意設立中央廚房，餐廳分別開設為2家，計算如下：

⑴餐廳面積拆分為2，各為125平方公尺。

⑵粗估中央廚房為250平方公尺（＝廚房150平方公尺＋其它設施100平方公尺），若中央廚房的熟製程度為80%，則**中央廚房的實際空間為200平方公尺**（＝250*80%）。

⑶剩餘50平方公尺的廚房預算，切分為兩個25平方公尺的**分店復熱廚房**。

⑷因此，**各分店的實際空間為150平方公尺**（餐廳125平方公尺+廚房25平方公尺）。

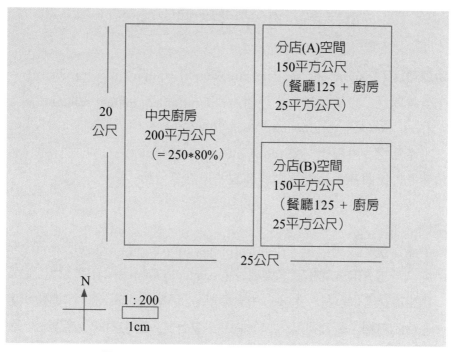

圖7-2　連鎖餐廳之中央廚房／餐廳空間分配

3.連鎖單位之中央廚房空間分配

　　續上例，中央廚房空間分配，將依其生產方式、產品、原料、物流方式的不同而有所差異。若參考表4-10，可將本餐廳之中央廚房之工作區空間百分比粗估分配如下（表7-2）：

表7-2　中央廚房之工作區空間百分比

工作區	m^2	%
製作區	104	52
庫房	40	20
清潔區	30	15
員工設施	16	8
辦公室	10	5
Total	200	100

第三節　生產器材需求的預估

功課項目 (Assignment #3: determination of equipment requirement)

1. 生產器材／設備數量大小評估 (preparation equipment selection)

Menu analysis, Equipment Needs, Bar Chart

2. 生產器材／設備規格書 (equipment specification)

請參考：第四章、第六章之解釋說明與計算分析。

舉例說明：

1. **生產器材／設備數量大小評估 (preparation equipment selection)**

　　考慮方向先從生產的需要性 (essentiality of need) 著手，以確定其為生產之必備器材，主要方法為菜單分析 (Menu analysis)，進行廚房器材的種類、數量與尺寸的預估。一般而言，廚房內的生產器材／設備約佔30%左右的空間，其他工作空間與交流走道約佔70%左右。

　　在廚房器材的種類與尺寸預估過程中，常使用「**製備間隔法**」(Stagger-cooking Method) 進行分析與評估，目的在管制或調整製作的時間，以決定有效生產器材的大小與個數。方法步驟如下：

　(1)確定單份供應量 (portion size)（表7-3）

　(2)確定該時段內最大生產份數 (total production amount)（表7-4）

　(3)確定每批的生產量與批次數 (frequency & size of cooking batch)（表7-4）

　(4)記錄每批生產量的時間 (cooking time for each batch)（表7-4）

　(5)繪製生產時間表 (production schedule)（表7-4）

　(6)比照需求器材尺寸資料（表7-4），轉錄至器材需求個數條狀表 (bar chart)（表7-5）

參考資料：Almanza, B.A., Kotschevar, L.H., & Terrell, M.E. (2000). Foodservice Planning: Layout, Design, and Equipment", 4th Edition. Prentice-Hall, Inc.;Mill, R. C. (2007). Restaurant Management: Customers, Operations, and Employees. Pearson Education, Inc.; Minor, L.J. & Cichy, R.F. (1984). Foodservice System Management. West Conn.: AVI Publishing Company.

表7-3　典型菜單的單份供應量

烤類、燉菜類		蔬菜	
Baked beans, chili con carne, corned beef, corned beef hash, goulash	180g (6 oz)	Asparagus, fresh	7 each
		Beans, green, lima	120g (4 oz)
		Beets	150g (5 oz)
		Cauliflower, carrots, corn kernel, tomato	150g (5 oz)
Ham a la king	120g (4 oz)		
Macaroni & cheese, spaghetti	150g (5 oz)	Corn, cob	2 each
Meat loaf, Spanish rice, stuffed cabbage	150g (5 oz)	Potatoes	180g (6 oz)
		Peas	120g (4 oz)
Stews	210g (7 oz)	Spinach	180g (6 oz)
Short ribs	360g (12 oz)	Squash	120g (4 oz)
飲料類		肉類	
Coffee, tea	120g (4 oz)	Bacon	150g (5 oz)
Milk	240 g (1/2 pint)	Ham	60g (2 oz)
Soft drinks	120-180 g (4-6 oz)	Beef roasts	180g (6 oz)
麵包、澱粉類		Hamburgers	60-120g (2-4 oz)
Bread, rolls, toast	60 g (2 oz)	Lamb chops	300g (10 oz)
Muffins, scones	2 each	Pork chops	210g (7 oz)
Cereals, flaked	120g (4 oz)	Sausage	180g (6 oz)
Rice, cooked	120g (4 oz)	Turkey	210g (7 oz)
酥皮點心類		Chicken, fried	240g (8 oz)
Cakes	60g (2 oz)	Duck	300g (10 oz)
Ice cream	120g (4 oz)	牛排類	
Pies, fruit	240g (8 oz)	Chateaubriand	480g (16 oz)
Puddings	150g (5 oz)	Filet mignon	180g (6 oz)
沙拉類		Porterhouse	480g (16 oz)
Cole slaw	90g (3 oz)	Sirloin	240g (8 oz)
Chicken salad, mixed vegetable salad, potato salad, Waldorf salad	120g (4 oz)	T-bone	360g (12 oz)
		海鮮類	
		Clams	12 each
水果類		Crabs, soft-shell	2 each
Canned	120g (4 oz)	Fish	180-210g (6-7 oz)
Fresh	120-180g (4-6 oz)	Frogs' legs	240g (8 oz)
湯類		Lobster, half	360g (12 oz)
Cup	180g (6 oz)	Oysters	6 each
Bowl	240g (8 oz)	Shrimp	180g (6 oz)
三明治（不含麵包）			
Meat	120g (4 oz)		
Cheese	60g (2 oz)		

【單位換算】1oz以30g計

表7-4　菜單設計與設備需求時間表

Menu Item 菜單	Portion 份量		Total Amount 總量	Batch 分批製作		Equipment 器材設備		Process Time 製作時間	Reserve to use 使用時段	Comments 備註
	Size 單份	No. 份		Size 批產量	Rotation 間隔時間	Item 項目	Capacity 容量大小			
香根清湯	240 mL	320	76 L	76 L	--	Steam kettle	114 L	3 hr	9:00-12:00	
燒烤蜜排	114 g	120	13.6 kg	6.8 kg (2 pans)	30 min apart	Oven 116°C	2-pan deck (2 deck)	2 hr	9:00-11:30	Pan-305 x 508 mm
酒燉牛膝	114 g	120	13.6 kg	13.6 kg	--	Steam kettle	114 L	4 hr	7:00-11:00	May be boiled and held in steam cooker
烤玫瑰雞	85-170 g	120	11-22 kg	40 portions	30 min apart	Oven 163°C	2-pan decks (2 deck)	2 hr	9:00-11:30	Pan-305 x 508 mm
意式焗烤	114-170 g	240	8-12 pans	2-3 pans	20 min apart	Oven 177°C	2-pan decks (4 deck)	0.5-2 hr	9:30-12:40	Pan-305 x 508 mm
辣豆煲鍋	240 mL	240	57 L	57 L	--	Steam kettle	76 L	2 hr	9:30-11:30	May be prepared, held in oven
醬汁	59 mL	480	29 L	29 L	--	Steam kettle	38 L	0.5-1 hr	10:30-11:30	
烤馬鈴薯	170-227 g	240	240 potatoes	1-2 sheet pans	15 min apart	Oven 205°C	2-pan decks (4 deck)	0.75-1 hr	10:30-12:30	Sheet pan size 457 x 660 mm
馬鈴薯泥	118 mL	240	30 L	10 L	30 min apart	Mixer	19 L	0.25 hr	11:15-12:45	
花椰菜	114-170 g	200	8-12 pans	2 pans	15-20 min apart	5 psi cooker	2-pan deck 14 kg	15-20 min 10-12 min	11:00-12:40 11:15-12:45	

表7-4　菜單設計與設備需求時間表（續）

Menu Item 菜單	Portion 份量 Size 單份	No. 份	Total Amount 總量	Batch 分批製作 Size 批產量	Rotation 間隔時間	Equipment 器材設備 Item 項目	Capacity 容量大小	Process Time 製作時間	Reserve to use 使用時段	Comments 備註
冷凍豌豆	71 g	360	27 kg	4.5 kg	15 min apart	5 psi cooker	2-pan deck 14 kg	15-20 min	11:00-12:40	
新鮮胡蘿蔔	71 g	180	14 g	4.5 g	30 min apart	5 psi cooker		10-12 min	11:15-12:45	
罐裝蔬菜	71 g	180	14 g	2.7 g	20 min apart	5 psi cooker	2-pan deck	15-20 min	11:00-12:30	
碳烤三明治	114 g	160	18 kg	on order	on order	Griddle	.61 x .91 mm (2 x 3 ft)	5-10 min	11:15-12:40	
冷肉起司開胃菜	57 g	104	5.9 kg	all		Slicer		10 min	11:15-1:00 9:00-10:00	
奶油布丁	118 mL	240	30 L	30 L	--	Oven Mixer	2 decks 11.4 L	0.5-1 hr 30 min	8:00-9:00 9:00-9:45	Temp 177°C
輕蛋糕	71 g	96	2 sheets	2 sheets	--	Oven Mixer	1-4 decks	10-20 min	9:00- 8:00-9:00	Temp 177°C
糖霜餅乾	57 g	96	4 sheets	1-4 sheets		Oven 177°C Mixer	1-4 decks 29 L	20-25 min	10:45-12:15	Retarded to bake as needed
麵包	57 g	240	4 sheets	1-4 sheets	30 min apart	Proof	4 sheets	2 hr	8:45-10:45	
飲料	170 g	600	106 L	106 L	15 min apart	Urns	23 L	10-15 min	11:45-1:00	Brew as needed

表7-5 菜單與器材需求個數條狀表

| | 7:00 | 7:20 | 7:40 | 8:00 | 8:20 | 8:40 | 9:00 | 9:20 | 9:40 | 10:00 | 10:20 | 10:40 | 11:00 | 11:20 | 11:40 | 12:00 | 12:20 | 12:40 | 13:00 | 13:20 |

菜單 product

壓力蒸氣鍋Steam kettles
香根清湯 (114 L)
酒燉牛膝 (114 L)
辣豆煲鍋 (76 L)
醬汁 (38 L)

結論：尖峰期熱廚房需壓力蒸氣鍋4台

烤箱Ovens-Convention
燒烤蜜排 (2×2-pan deck)
烤玫瑰雞 (2×2-pan deck)
意式焗烤 (4×2-pan decks)
烤馬鈴薯 (4×2-pan decks)

結論：尖峰期熱廚房需烤箱10層

2.生產器材／設備規格書 (equipment specification)

請參考第六章之表6-1。

表6-1 器材／設備的採購規格書

產品名稱： 品號（型號model）：	產品認證合格標籤： 產地（製造商）：
公司名稱／地址： 代理商／地址：	規格： 功能特色
能源訊息： 冷房能力 (Kcal/hr)，馬力 (hp)，風量 (M^3/min) 電壓／功率 (110V/220V，60Hz) 能源（瓦斯、蒸汽、紅外線） 電力／消耗功率 (KW)，省電效率（E.E.R值） 室內測躁音值（dB以下）	機體： 尺寸：寬、深、高（mm； millimeter) 重量：公斤 (kg; kilogram) 容量：公升 (l; liter) 材質：
操作方式：	圖片附件：
其他：裝置、保養、安全與保固等服務項目	

Note

第四節　廚房佈局的規劃

功課項目(Assignment #4: development of the over-all kitchen layout)：

1. 廚房工作區流程 (sections flow design)

   Sections Flow Diagram, Activity-relationship Flow Diagram

2. 廚房工作區定位 (sections location design)

   Relationship Chart, Activity-relationship Diagram, Space-relationship Flow Diagram, Evaluating Alternatives

請參考：第五章之解釋說明與計算分析。

1. **廚房工作區流程 (sections flow design) 步驟：**

   表7-6. 廚房整體工作區分配 (Kitchen Sections Chart)

   ↓

   圖7-3. 廚房工作流程圖 (Sections Flow Diagram)

   ↓

   圖7-4. 廚房整體工作區流程圖 (Activity-relationship Flow Diagram)

   ↓

2. **廚房工作區定位 (sections location design) 步驟：**

   表7-7. 廚房相關重要性評定表 (Relationship Chart)

   ↓

   圖7-5. 廚房關係重要性拉線圖 (Activity-relationship Diagram)

   ↓

   圖7-6. 廚房關係重要性空間圖 (Space-relationship Flow Diagram)

   ↓

   表7-8. 廚房佈局評審表 (Evaluating Alternatives)

參考資料：Avery, A.C. (1973). Increasing Productivity in Foodservice. John Wiley & Sons. New York. ; Katsigris, C. & Thomas, C. (1999). Design and Equipment for Restaurants and Foodservice. New York: John Wiley & Sons. ; Kazarian, E.A. (1989). Foodservice Facilities Planning, 3rd ed. New York: Van Nostrand Reinhold.

舉例說明，步驟如下：

1. 在劃分廚房工作區 (Kitchen Sections Chart) 時，常以員工的工作範圍與生產負荷為考量，詳細的工作內容有助於預估工作區的人數，通常有較多員工的視為一工作區，較少員工的視為一工作中心（表5-1），表7-6為舉例說明。

表7-6　廚房整體工作區分配（略）

工作區 (section)	工作中心 (center)	工作內容
進貨區		進貨卡車停靠
驗收區		進貨驗收該日物品
儲存區	乾貨儲存中心	乾性材料庫存
	低溫儲存中心	冷凍／冷藏食材庫存
材料前處理區	蔬果前處理中心	蔬果前製處理
	肉類前處理中心	肉類前製處理
食物製備區	熱食製備中心	熱食製作
	冷食／飲料製備中心	沙拉、三明治、涼拌菜、冷盤、飲料製作
	烘焙房	點心、麵包烘烤
供應區	自助餐廳	自助餐式供應
清潔保養區	餐盤器皿清潔中心	餐廳器皿清洗
	烹飪器具清潔中心	大型烹飪器具清洗
	廢棄物處理中心	廢棄物存放、內外場清潔
管理區	辦公室	管理人員工作
	員工休息室	員工休息、用餐

2. 當完成廚房工作區的劃分後，開始繪製廚房各工作區的流程圖 (Sections Flow Diagram)，圖中「箭號」表示上游區 (supporting section) 與下游區 (supplying section) 關係，單向流程用單箭號，如果有回轉流程，則用雙箭號。圖7-3(a)、7-3(b)、7-4為舉例說明，包括：(1)驗收、儲存區工作流程(2)食物製備區工作流程(3)廚房整體工作區流程 (Activity-relationship Flow Diagram)。

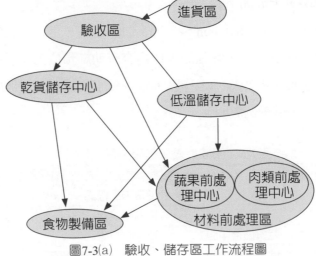

圖7-3(a)　驗收、儲存區工作流程圖

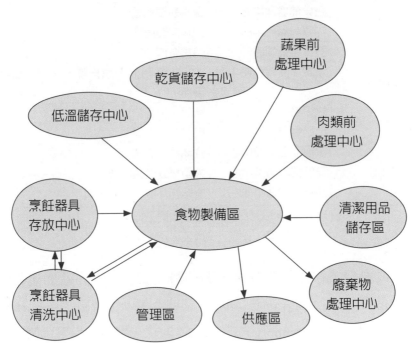

圖7-3(b)　食物製備區工作流程圖

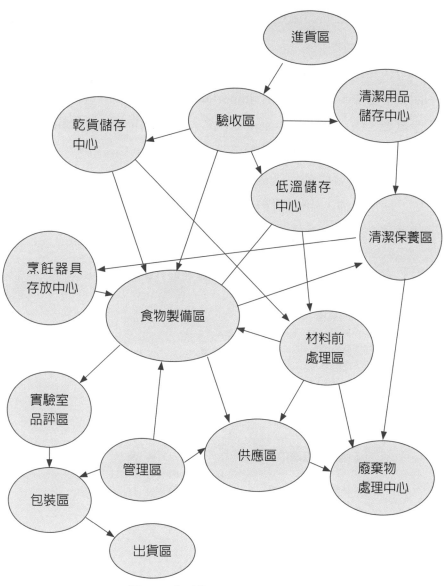

圖7-4　廚房整體工作區流程圖

3. 當各工作區之間的流程關係確定後，下一步驟乃是討論相互之間的關係重要性（表7-7）。廚房相關重要性評定表 (Relationship Chart) 是常被使用的工具，以A(absolutely necessary) 表示相互之間非常重要，E(especially important) 表示很重要，I(important) 表示重要，O(ordinary closeness) 表示普通，U(unimportant) 表示不重要，X(not desirable) 則表示不適合在一起。

廚房相關重要性評定（表7-7）的方式舉例說明，例如：「驗收區」向下延伸，「低溫儲存中心」向上延伸，如果二者關係呈非常重要性，則可在交叉點填入「A」。其他以此類推。

表7-7　廚房相關重要性評定表

4. 當廚房工作區之間的重要性底定後，下一步驟開始繪製拉線圖
(Activity-relationship Diagram)（圖7-5）。先將各工作區暫置於一
廚房空間，依流程圖大概分配其相關位置，以線條拉出各工作區之
間的相關強度。當二區屬於A關係時，請縮短其間距離。當二區屬
於E或I關係時，請調整適切的距離。當二區屬於X關係時，請拉開
其間之距離。

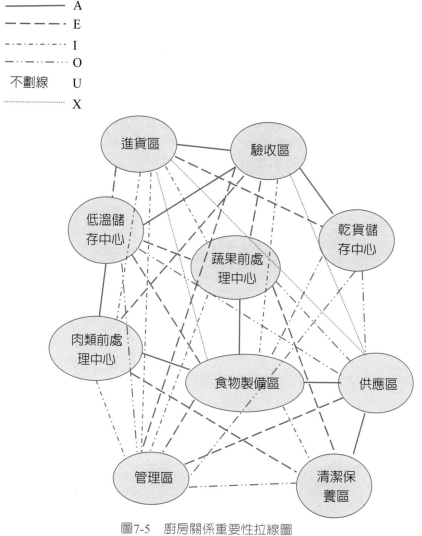

圖7-5　廚房關係重要性拉線圖

5. 經過拉線圖的彈跳後，將各工作區以方塊表示，調整其相關距離與空間百分比（表7-2），同時附帶主交通道 (main aisles)、區域交通道 (traffic aisles)、工作道 (work aisles) 與進出口的位置，廚房空間圖 (Space-relationship Flow Diagram)（圖7-6）約略呈現。

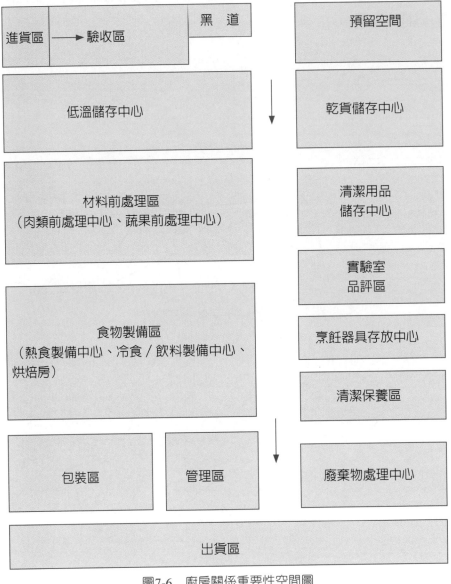

圖7-6　廚房關係重要性空間圖

6. 如果廚房空間設計圖不只一張，若干設計就必須經過合理的審查與篩選，方可選出最理想的一份做為後續設計。廚房佈局評審表 (Evaluating Alternatives)（表7-8）是常被使用的工具，評審方法：設計10～20個評審項目，每項給予一個**份量**（WT：5～10分），在上格內將各設計圖依各項標準給分（Rating & Weighted rating：1～4分），在下格中將**給分**乘以**份量**，即得該項分數，最後計算總分。比較之下即知那一份空間佈局設計優勝，將繼續延用在正式的過程中。由於評審建議有改進的效果，所以評審重點應放在：交通、相關性、工作流程、供應方便、空間利用、不壅塞和監督管理上。

表7-8　廚房佈局評審表

FACTOR CONSIDERATION	WT 5~10	RATING AND WEIGHTED RATING (1~4)			COMMENTS
		A	B	C	
1.Reduce travel	9	3 / 27	4 / 36	2 / 18	以進貨物品及運輸的頻繁度和貨品重量來評估
2.Minimize backtracking	8	2 / 16	3 / 24	4 / 32	以上下游聯貫性及動線的不衝突評估
3.Easy to supervise	7	3 / 21	4 / 28	4 / 28	管理區對進／出／驗貨，實驗室品評區對裝備區
4.Conducive to production of quality food	10	4 / 40	3 / 30	3 / 30	減少停留於危險溫度時間、清潔衛生及人員監督
5.Utilizes space effectively	7	4 / 28	4 / 28	3 / 21	以空間配置上可以減少空間浪費、避免死角評估
6.Minimizes capital Investment	6	3 / 18	2 / 12	4 / 24	以器具器材共用性及清潔保養程度評估
7.Accomplishes good flow of product	8	3 / 24	4 / 32	2 / 16	食材儲存→前製→製作→包裝運送流程動線順暢
8.Minimizes congestion	6	4 / 24	3 / 18	2 / 12	第一工作區空間足夠、與其他空間不衝突
9.Contains adequate aisle space	8	4 / 32	3 / 24	2 / 16	走道的比例及設置順暢度、且走道避免閒置
10.Achieves overall inteagration of activities	7	3 / 21	4 / 28	3 / 21	整體的活動空間整合性、無嚴重要性抵觸
11.Product security	7	3 / 21	3 / 21	2 / 14	食材放置、處理製備、包紮過程，不接觸化學藥品
TOTALS		272	*281	232	

第五節　區域佈局的細部設計

功課項目 (Assignment #5: development of the detailed layout)

廚房工作區器材／設備擺置細部設計 (work centers design)

Process Analysis, Cross Chart, Efficiency of Layout, To & From Tables

請參考：第五章之解釋說明與計算分析

　　　　表4-1：廚房器材設備的空間預估

　　　　表5-5：廚房輔助器材與設備檢查表

　　　常見一些影響工作區「佈局」(layout) 的因素，包括：食物原料、機器設備、員工及工作內容。有些器具 (mixer, slicer, oven) 和公共設施 (table, sink) 可能需要被共用，所以一些常被使用的器材／設備應放在近距，不常被使用的則放在遠距。對於員工的工作流程，更應堅持直線路徑的設計 (flow should be along straight-line paths)，避免十字交叉路 (cross traffic)、倒退路 (back tracking) 和迂迴路 (bypassing) 的負擔。

　　　本節區域佈局的細部設計與評量方法，可使用在任何一個工作區中。首先利用各工作區的工作內容來嘗試安排相關器材設備的排列位置，計算所產生的效率後再加以修正，重複若干次即可選出最佳的流程與配置。縝密的細部設計不但可以重複使用相同器材完成類似的工作項目，更可在最小的空間範圍內，以最少的流程距離 (distance traveled) 完成最大的效能 (efficiency)。

廚房工作區器材／設備擺置細部設計 (work section design)

表7-9. 製備程序分析 (Process Analysis; Operation Analysis)

↓

表7-10. 十字表 (Cross Chart)

↓

表7-11. 效率計算 (Efficient of Layout)

↓

表7-12. 路程紀錄 (To & Form Table)

↓

圖7-7. 工作區器材排列設計圖 (Work Section Equipment Layout)

參考資料：Kazarian, E.A. (1979). Work Analysis and Design for Hotels, Restaurants and Institutions, 2nd ed. Westport, Connecticut: AVI Publishing Co. ; Kotschevar, L.H. & Terrell, M.E. (1985). Foodservice Planning: Layout and Equipment, 3rd ed. New York: John Wiley & Sons. ; Pavesic, D.V. (1985). How to determine the most efficient layout for kitchen equipment. Hospitality Education and Research Journal, 10(1), 12-24.

舉例說明，步驟如下：

1.在製備程序分析 (Process Analysis; Operation Analysis) 中，本例將熱食製備中心的一份食譜，依序排列其工作程序，編號且明列所需使用之器材／設備（表7-9）。器材項目以一個「工作範圍」(work area) 為基準，相同地點不重複編號。

註：本例之食譜製備程序純為解釋步驟與方法而設，僅供說明使用。詳細食譜分析需經嚴謹測試，請參考第七章第七節的建議。

表7-9　製備程序分析 (Process Analysis)

菜單：咖哩海鮮焗飯食譜程序

設備器材：水槽 (sink)，工作桌 (table)，蒸櫃 (steamer)，瓦斯爐台 (range)，萬能蒸
　　　　　烤箱 (combi-oven)，壓力蒸氣鍋 (SJK)，明火烤爐 (salamander)

材料項目	程序	編號	器材項目
洋蔥	洗淨	1	水槽
	切絲	2	工作桌
馬鈴薯	洗淨	3	水槽
	切小塊	4	工作桌
蛤蠣	洗淨	5	水槽
	吐沙	6	工作桌
花枝	洗淨	7	水槽
	切成圈狀	8	工作桌
蝦仁	洗淨	9	水槽
	底部劃一刀、清蝦腸	10	工作桌
五穀米	洗淨前一天浸泡的五穀米	11	水槽
	五穀米放入飯鍋中加水煮熟	12	蒸櫃
水	川燙花枝、蝦仁	13	瓦斯爐台
	川燙熟後放置盆中	14	工作桌
綠色花椰菜	將生花椰菜放入蒸烤箱蒸熟	15	萬能蒸烤箱
咖哩海鮮醬（奶油、咖哩塊）	熱鍋，加奶油至鍋中，炒洋蔥絲及馬鈴薯塊，再加入海鮮（蛤蠣、蝦仁、花枝）拌炒至熟後，放入水蓋過海鮮，加入咖哩塊悶煮30分鐘至馬鈴薯軟化即可	16	壓力蒸氣鍋
起司	將咖哩醬淋上煮熟的飯，灑上起司	17	工作桌
	放入明火烤箱烤5分鐘	18	明火烤爐

2. 為了分析器材排列效率，十字表 (Cross Chart) 是常被使用的工
　具。十字表乃應用統計學原理，將大量數據 (data) 做矩陣 (matrix)
　排列。對角線 (diagonal) 將十字表區分為上下二半，右上半為
　<u>From</u>欄，其所發生的動作均屬於回路 (backtracking)，左下半為<u>To</u>
　欄，其所發生的動作均屬於前路 (forward)。

與對角線平行的虛線，分別代表離線單位 (by-pass)。離線單位1表示前後兩個器材直接相連，離線單位2則表示前後兩器材之間相隔1個器材，離線單位愈大，表示兩器材相距愈遠，其他分析請參考本章第七節。因此，愈靠近對角線左下半中央者，表示相關係數愈趨近於1，亦表示流程一直向前 (forward) 進行，符合直線路徑的設計原則 (flow should be along straight-line paths)。

十字表紀錄方法如下：首先將製備程序分析中的器材名稱依序排列在十字表的From欄與To欄（表7-10），從From欄的開始 (issue) 往下填寫編號，例如：編號1是從開始到水槽的交集欄，填寫完畢後，可提筆至From欄的水槽，往下填寫編號2在工作桌的交集欄，再提筆至From欄的工作桌，往下填寫編號3在水槽的交集欄。如此依序由From欄往To欄填寫，直到編號用完，將可繼續下項的效率計算。

3. 在效率計算 (Efficient of Layout) 部分，先將離線單位在To欄和From欄的個數做整理（表7-11）。給分時，To欄的離線單位1給1分，離線單位2給2分，愈遠分數愈高。From欄比To欄要加重（加倍）計分，離線單位1給2分，離線單位2給4分。計算效率公式：To欄總分÷（To欄總分 + From欄總分），得百分比45.0%。

根據參考資料，30～50%的效率是可被接受的，比例愈高表示流程愈順暢，愈符合直線路徑的設計原則。然而，現場器材不只一個食譜使用，其他食譜可能還會帶入更多的器材，愈多的器材有愈多的離線單位，可能會造成倒退路 (back tracking) 和迂迴路 (bypassing) 的出現。

表7-10　十字表(1)

From〔To〕	開始	水槽	工作桌	蒸櫃	瓦斯爐台	萬能蒸烤箱	壓力蒸氣鍋	明火烤爐
開始								
水槽	1		3.5.7 9.11					
工作桌		2.4.6 8.10				14	17	
蒸櫃		12						
瓦斯爐台				13				
萬能蒸烤箱			15					
壓力蒸氣鍋							16	
明火烤爐			18					

離線單位1：(To欄編號：1, 2, 4, 6, 8, 10, 13, 16）；(From欄編號： 3, 5, 7, 9, 11)

離線單位2：(To欄編號：12）；(From欄編號：14)

離線單位3：(To欄編號：15)

離線單位4：(From欄編號：17)

離線單位5：(To欄編號：18)

表7-11　效率計算(1)

離線單位	個數		頻率計算 分數	
	To	From	To	From
1	8	5	1*8 = 8	2*5 = 10
2	1	1	2*1 = 2	4*1 = 4
3	1	0	3*1 = 3	6*0 = 0
4	0	1	4*0 = 0	8*1 = 8
5	1	0	5*1 = 5	10*0 = 0
合計	11	7	18	22

效率 = 18/(18+22) = 45.0%

4. 如何在完成效率計算後，修正現場器材排列？路程紀錄 (To & Form Table) 可以幫忙調整各器材之間的順序。先將回路 (From, backtracking) 和前路 (To, forward) 做一紀錄比較，計算由From欄到To欄所發生的個數（表7-12），由出現最多次的紀錄開始修正。例如：（水槽到工作桌）曾在前路 (forward) 發生5次，可以保留。不巧，（工作桌到水槽）在回路 (backtracking) 亦有5次記錄。試想，如果對調兩者位置，重新計算比較效率，是否有進步空間？

表7-12　路程紀錄

回路 (From)		前路 (To)	
工作桌到水槽	5	開始到水槽	1
瓦斯爐台到工作桌	1	水槽到工作桌	5
壓力蒸氣鍋到工作桌	1	水槽到蒸櫃	1
		工作桌到萬能蒸烤箱	1
		工作桌到明火烤爐	1
		蒸櫃到瓦斯爐台	1
		萬能蒸烤箱到壓力蒸氣鍋	1
總計回路	7	總計前路	11

5. 因此，表7-13對調水槽與工作桌的位置，依上述方法重新比較效率計算（表7-14）。結果發現，相同食譜的效率由原本45.0%降到43.5%，所以保留原來的設計（表7-10）。

　　曾有一份研究試算現場相同器材，從18個食譜（效率＝39.27%）到76個食譜（效率＝38.15%）的反覆修正，效率雖然些微降低，但更可確定現場器材排列的有效性。

表7-13 十字表(2)

From \ To	開始	工作桌	水槽	蒸櫃	瓦斯爐台	萬能蒸烤箱	壓力蒸氣鍋	明火烤爐
開始								
工作桌			2.4.6 8.10		14		17	
水槽	1	3.5.7.9 11						
蒸櫃			12					
瓦斯爐台				13				
萬能蒸烤箱		15						
壓力蒸氣鍋						16		
明火烤爐		18						

表7-14 效率計算(2)

離線單位	頻率計算				
	個數			分數	
	To	From		To	From
1	8	5		$1*8 = 8$	$2*5 = 10$
2	1	0		$2*1 = 2$	$4*0 = 0$
3	0	1		$3*0 = 0$	$6*1 = 6$
4	1	0		$4*1 = 4$	$8*0 = 0$
5	0	1		$5*0 = 0$	$10*1 = 10$
6	1	0		$6*1 = 6$	$12*0 = 0$
合計	11	7		20	26

效率 = 20 / (20 + 26) = 43.5%

6. 經過上述之過程及效率計算，工作區器材排列設計圖 (Work Section Equipment Layout) 的粗稿已告完成。熱食製備中心可依預設空間（圖7-6）開始繪製其器材設備的排列位置（圖7-7）。本節區域佈局的細部設計與評量方法，可使用在任何一個工作區中。請參考圖7-8與圖7-9之最後完成設計。

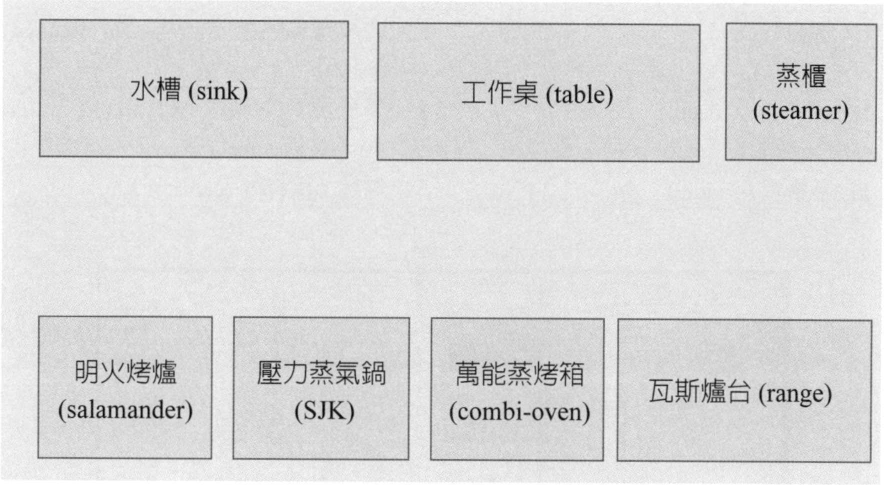

| 水槽 (sink) | 工作桌 (table) | 蒸櫃 (steamer) |

| 明火烤爐 (salamander) | 壓力蒸氣鍋 (SJK) | 萬能蒸烤箱 (combi-oven) | 瓦斯爐台 (range) |

圖7-7　熱食製備中心器材排列設計圖

表7-15　團膳（醫院／學校）中央廚房配置圖編號說明

1	驗收區 (receiving area)	18	烤箱 (deck ovens)
2	乾庫房 (dry story)	19	裝配線 (assembly line)
3	冷藏／凍庫 (refrigerator)	20	熱食供應櫃 (hot food cabinet)
4	蔬菓前處理區 (vegetable preparation area)	21	保溫餐車 (mobile dish storage, heated)
5	切菜機 (vegetable cutter)	22	供餐器材存儲 (serving utensil storage)
6	肉類前處理區 (meat preparation area)	23	冷廚 (cold kitchen)
7	食物處理機 (food processor)	24	治療飲食間 (therapeutic diet kitchen)
8	移動式暫存籃架 (mobile storage racks)	25	烘焙區 (bakery)
9	蒸煮中心 (steam & boiling center)	26	管理區 (office)

表7-15　團膳（醫院／學校）中央廚房配置圖編號說明（續）

10	蒸櫃 (steamer)	27	員工餐廳 (employee dining area)
11	壓力蒸氣鍋 (SJK)	28	員工休息室 (employee room)
12	工作桌 (work table)	29	保溫餐車出入口（出貨配送中心）(logistic center)
13	油炸機 (fryer; split-vat fryer)	30	餐盤器皿清潔中心 (dishwashing center)
14	熱炒中心 (sir-fry center)	31	洗碗機 (dishwasher machine)
15	爐台 (range)	32	清潔餐具儲存 (storage for cleaned dishes)
16	煎炸中心 (deep-fry center)	33	烹飪器具清潔中心 (pots & pans wash-ing center)
17	煎板爐 (griddle)	34	電梯／樓梯間 (elevator/stairs)

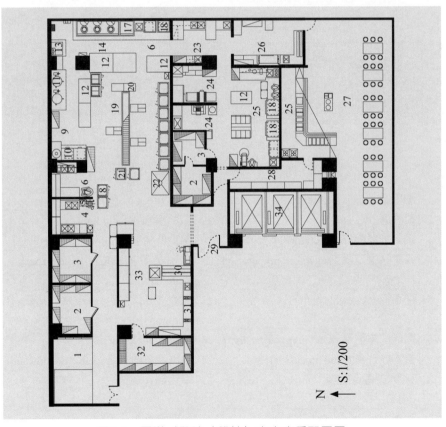

圖7-8　團膳（醫院／學校）中央廚房配置圖

表7-16　自助餐廳（商業／工廠／學校）廚房與供應區配置圖編號說明

1	冷凍櫃 (freezer)	23	抽油煙罩 (grill hood)
2	冷藏櫃 (refrigerator)	24	燒烤供應台 (grill counter)
3	工具架 (utensil shelves)	25	餐盤／湯碗保溫器 (plate/bowl lower-ators)
4	攪拌機 (mixers)	26	沙拉台 (salad bar)
5	廚師調理台（附香料櫃）(cook's table w/ spice bins)	27	餐盤器皿清潔中心 (dishwashing center)
6	瓦斯爐台 (ranges)	28	洗碗機 (dishwasher machine)
7	三明治製作桌 (sandwich prep table)	29	收費櫃台 (cashier counter)
8	廚師調理台（附水槽）(cook's table w/ sink)	30	調味料台 (condiment counter)
9	旋風式烤箱 (convection oven)	31	調味料擠壓器 (condiment dispenser)
10	下層烤箱 (deck ovens)	32	烤麵包機 (toaster)
11	三明治供餐台 (sandwich counter)	33	調味料包 (condiment containers)
12	披薩供應台 (pizza counter)	34	果汁飲料機 (fruit juice machine)
13	熱餐供應台 (hot food counter)	35	咖啡機 (coffee brewing system)
14	披薩製作桌 (pizza prep table)	36	保溫湯鍋 (soup inserts)
15	其他保溫熱菜 (hot food inserts)	37	刀叉／餐具／餐巾桌 (dining utensils table)
16	其他低溫冷菜 (cold food inserts)	38	玻璃杯/茶杯架 (glass/cup racks)
17	熱餐保溫車 (hot food holding cabinet)	39	冰淇淋機 (ice cream freezer)
18	明火烤箱 (salamander)	40	氣泡飲料機 (soda & ice dispenser)
19	冷藏櫃 (refrigerator)	41	飲料供應台 (beverage counter)
20	油炸機 (fryer)	42	飲水機 (fountain)
21	煎板爐 (griddle)	43	髒碗盤接收台 (soiled-dish table)
22	炭烤爐 (char broiler)	44	電梯／樓梯間 (elevator/stairs)

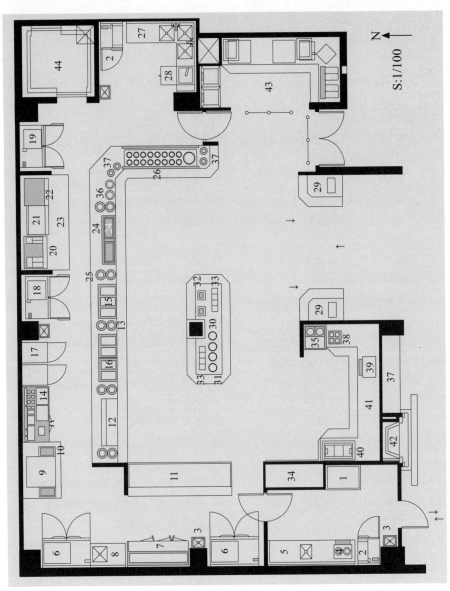

圖7-9　自助餐廳（商業／工廠／學校）廚房與供應區配置圖

第六節　餐廳桌椅擺置細部設計

功課項目 (Assignment #6: dining room design)

餐廳桌椅擺置細部設計 (dining room design)

請參考：第四章第四節之解釋說明與計算分析。

餐廳設計的考慮方向：

1.餐廳空間預估＝（座椅面積／客席）× 客數。

2.餐廳大小約佔整個供餐機構的50～70%。

3.基本空間規劃：入口、櫃台、吧台、用餐區、服務台、電梯／
樓梯間、供應區、洗手間等。

4.其他室外規劃：招牌、停車場、天井／景觀台、戶外桌椅（備
遮陽擋雨棚）、花園小徑、噴泉等。室內設計：顧客等待區、
衣帽間、吸煙室、表演舞台、裝璜佈置等。

5.桌、椅尺寸與數量的計算。

6.桌、椅排列與走道空間的計算。

7.客人與服務生的動線規劃。

8.客數、客轉數與空缺率的計算。

9.溫度、濕度、冷氣空調與風速的控制。

10.燈光、視覺、觸感與嗅覺的設計。

11.緊急照明、逃難出口指示、一氧化碳偵測器、煙霧警報器和
滅火器等。

12.繪圖注意：比例尺、方位標誌、設計圖略號（表4-17）。

舉例說明（表7-17，圖7-10，7-11）：

一份餐廳設計圖初始於來客數預估與座位空間預留，下列公式
可初估總座位數（例如：180座位），再參考表4-11得知，餐桌式服

務餐廳的單席位尺寸約1.39-1.67平方公尺，因此暫定餐廳座位空間為300平方公尺（計算方式：180*1.67）。其他設計所需空間則另計。

下一步則是繪製配置圖編號（表7-17）與泡泡圖（圖4-13），當位置確定後則可依比例尺繪製平面設計圖（圖7-10，圖7-11）。表4-17設計圖略號，可協助繪圖。有時多份的虛擬有助正圖的進一步檢視與修正。

$$Nd = \frac{Nm+Nsa}{(Tm/Td) - 1}$$

例如：Nm ＝ 已預約客數 ＝ 100人

　　　Nsa ＝ 散客可能人數 ＝ 80人

　　　Tm ＝ 供應時段 ＝ 180分鐘

　　　Td ＝ 用餐時間／人 ＝ 90分鐘

　　　Nd ＝ 總座位數 ＝ (100+80)/〔(180/90)-1〕＝ 180座位

參考資料：Mill, R. C. (2007). Restaurant Management: Customers, Operations, and Employees, 3rd. New Jersey: Pearson Education, LTD.

表7-17　餐廳配置圖編號說明

1	入口 (entry way)	6	電梯／樓梯間 (elevator/stairs)
2	櫃台 (counter)	7	熱廚 (hot kitchen)
3	吧台 (bar, beverage area)	8	冷廚 (cold kitchen)
4	用餐區 (dining area)	9	供應區 (service area)
5	服務台 (waiter station)	10	洗手間 (restrooms)

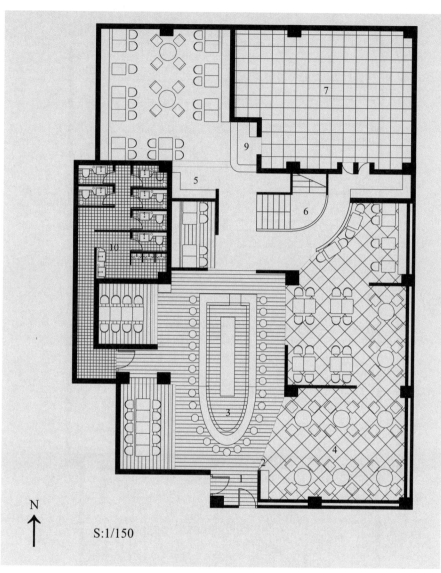

S:1/150

N

圖7-10　咖啡廳與酒吧內部設計圖

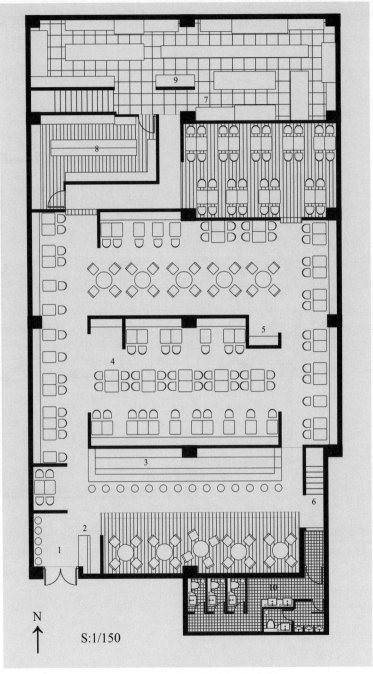

S:1/150

圖7-11 服務型餐廳內部設計圖

第七節　佈局規劃設計的評估

功課項目(Assignment #7: evaluation of the detailed layout)

1. 整體企劃案完成 (final project)。

2. 企劃書審查與修正 (final evaluation)。

其他評估或陳列的方法：

(1) **模版 (Template) 或模型 (Model)**：在多媒體環境中，視訊效果或模擬軟體 (multimedia imitation) 愈來愈流行。建議利用完整設計的餐廳／廚房版型檔案（網頁結構），搭配Flash動畫，以Power Point Template (ppt) 簡報結果 (Brown, 2000)。

(2) **人機圖 (Man-machine Chart)**：用來計算各工作區員工在工作流程中的閒置時間與工作時間，整理動作程序與工作項目時間，藉由刪除、合併、重排、簡化 (ECRS) 等分析改善步驟，以文書作業流程圖 (Office Operation Process Chart) 改善流程 (Sheridan & Ferrell, 1981)。

(3) **動作和時間研究 (Motion and Time Study)**：基本方法是針對員工的操作順序和動作進行分解和剖析，測定和記錄各項操作所需的時間，經過篩選成為新的標準操作方法和作業時間，目的在提高工作效率 (Mundel & Danner, 1998)。

(4) **人因工程檢核 (Ergonomics Checklist)**：人因工程乃定義一個員工在工作時可以容許的能力範圍，例如：體型、施力、空間、時間、溫度、速度等。目的在維護員工的工作條件、設備環境和活動空間之協調。當工作條件超過範圍時，員工可能曝露在不利的環境中，遭遇不利影響，例如：過熱、噪音過高、震動過強或生理／心理的負荷過重等，皆是檢核改進之處 (Konz, 1995)。

⑸**路徑表 (Travel Chart)**：為求工作區器材設備的排列位置妥當，本作業續完成第七章第五節的測試，即十字表的離線單位 (by-pass) 計算（表7-10）。設備器材：A水槽 (sink)，B工作桌 (table)，C蒸櫃 (steamer)，D瓦斯爐台 (range)，E萬能蒸烤箱 (combi-oven)，F壓力蒸氣鍋 (SJK)，G明火烤爐 (salamander)。

方法：先計算員工在器材間移動頻率（表7-18），再計算員工在器材間移動之十字表分數，離線單位1表示前後兩個器材直接相連 (no by-passing)，所以每個給予1分，共得13分。離線單位2表示前後兩器材之間相隔1個器材 (by-pass 1 workplace)，每個給予2分，共得4分，以此類推，共得29分（表7-19）。當我們調整水槽與工作桌的位置後，移動頻率（表7-20）和十字表（表7-21）的分數重新計算，共得33分，明顯高於前者，表示第一次的排列可以節省較多路徑 (Kazarian, 1989)。

表7-18　員工在器材間移動之頻率（續表7-10）

From欄	To欄	Frequence頻率
開始	A	1
A	B	5
A	C	1
B	A	5
B	E	1
B	G	1
C	D	1
D	B	1
E	F	1
F	B	1

表7-19　路徑表(1)（續表7-10）

To		開始	A	B	C	D	E	F	G
	開始								
	A	1		5					
	B		5			1		1	
	C		1						
	D				1				
	E			1					
	F						1		
	G			1					

離線單位1：No by-passing = 1 + 5 + 1 + 1 + 5 = 13 →13*1 = 13

離線單位2：By-pass 1 workplace = 1+1 = 2 →2*2= 4

離線單位3：By-pass 2 workplaces = 1 →1*3 = 3

離線單位4：By-pass 3 workplaces = 1 →1*4 = 4

離線單位5：By-pass 4 workplaces = 1 →1*5 = 5

Total = 13 + 4 + 3 + 4 + 5 = 29

表7-20　員工在器材間移動之頻率（續表7-13）

From欄	To欄	Frequence頻率
開始	A	1
B	A	5
B	E	1
B	G	1
A	B	5
A	C	1
C	D	1
D	B	1
E	F	1
F	B	1

表7-21 路徑表(2)（續表7-13）

	開始	B	A	C	D	E	F	G
開始								
B			5		1		1	
A	1	5						
C			1					
D				1				
E		1						
F						1		
G		1						

（左側標示 To）

離線單位1：No by-passing = 5 + 1 + 1 + 1 + 5 = 13 →13*1 = 13
離線單位2：By-pass 1 workplace = 1 →1*2 = 2
離線單位3：By-pass 2 workplaces = 1 →1*3 = 3
離線單位4：By-pass 3 workplaces = 1 →1*4 = 4
離線單位5：By-pass 4 workplaces = 1 →1*5 = 5
離線單位6：By-pass 5 workplaces = 1 →1*6 = 6
Total = 13 + 2 + 3 + 4 + 5 + 6 = 33

⑹**距離表 (Distance Chart)**：爲求工作區器材設備的排列距離妥當，本作業續完成第七章第五節的測試，即計算使用全程器材設備的距離 (Kazarian, 1989)。

方法：

首先確定每個器材設備的寬度，例如：A有1m寬，B有3m寬，以此類推。其次是確定器材與器材之間的距離，例如：A與B之間有2m寬〔(1 + 3) ÷ 2 = 2m〕，以此類推（表7-22）。將距離數據帶入距離表 (Distance Chart) 中（表7-23），例如：A與C之間的距離爲4m (=2+2m)。同時配合員工在器材間移動之十字表；即路徑表 (Travel Chart)（表7-19）的頻率，兩表相乘即完成總分計算的距離總表 (Final Distance Chart)（表7-24），得知使用全程器材設備的距離爲52m。

註：本例之尺寸純爲解釋步驟與方法而設，僅供說明使用。

表7-22　器材設備寬度與相互之間距離

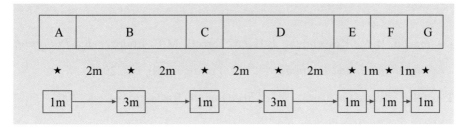

表7-23　距離表

	開始	A	B	C	D	E	F	G
開始								
A	0		2					
B		2			4		7	
C		4						
D				2				
E			6					
F						1		
G			8					

表7-24　距離總表

	開始	A	B	C	D	E	F	G	Total
開始									0
A	0		10						10
B		10			4		7		21
C		4							4
D				2					2
E			6						6
F						1			1
G			8						8
Total	0	14	24	2	4	1	7	0	52m

參考書目

1.Almanza, B.A., Kotschevar, L.H., & Terrell, M.E. *Foodservice Planning: Layout, Design, and Equipment*, 4th ed. Prentice-Hall, Inc. 2000.

2.Apfel, I. *Taking the Strain Out of Ergonomics*. Restaurants USA. 2001. http://www.restaurant.org/ursa

3.*ASHRAE Handbook: Fundamentals*. American Society of Heating, Refrigerating, and Air Conditioning Engineers. Atlanta, GA. 1997.

4.Avery, A.C. *Increasing Productivity in Foodservice*. New York: John Wiley & Sons. 1973.

5.Baraban, R.S. & Durocher, J.F. *Successful Restaurant Design*, 2nd ed. New York: John Wiley & Sons. 2001.

6.Birchfield, J.C. & Sparrowe, R.T. *Design and Layout of Foodservice Facilities*, 2nd ed. New York: John Wiley & Sons. 2003.

7.Boger, C.A. *A Comparison between Different Delivery Systems of Quick Service Food Facilities*. Hospitality Research Journal, 18(3), 111-124. 1995.

8.Brown, L. *Integration Models: Templates for Business Transformation*. Amazon.com, Inc. 2000.

9.Educational Foundations of National Restaurant Association *Applied Foodservice Sanitation*, 4th ed. New York: John Wiley & Sons. 1991.

10.Food Service Operations Fundamentals. *Types of Menus*. 2004. http://www.unlv.edu/de[ts/foodberverae/fsofmenutypes.html.

11.Fullen, S.L. *Restaurant Design*. Ocala, FL: Atlantic Publishing Group, Inc. 2003.

12.Fuller, S. *Life-Cycle Cost Analysis (LCCA)*. National Institute of Standards & Technology (NIST). Washington, DC., USA. 2010.

13. Ghiselli, R., Almanza, B.A., & Ozaki, S. *Foodservice Design: Trends, Space Allocation, and Factors that Influence Kitchen Size.* Journal of Foodservice Systems, 10, 89-105. 1998.

14. Hickok, A.F. & Lazarus, L.E. *Restaurant Industry Review.* U.S. Bancorp Piper Jaffrey Equity Research. 2003.

15. Kazarian, E.A. *Foodservice Facilities Planning*, 3rd ed. New York: Van Nostrand Reinhold. 1989.

16. Kazarian, E.A. *Work Analysis and Design for Hotels, Restaurants and Institutions*, 2nd ed. Westport, Connecticut: AVI Publishing Co. 1979.

17. Kazarian, E.A. *Work Analysis and Design.* New York: John Wiley & Sons 1969.

18. Katsigris, C. & Thomas, C. *Design and Equipment for Restaurants and Foodservice.* New York: John Wiley & Sons. 1999.

19. Khan, M. *Foodservice Operations.* Westport CT: AVI Publishing Company. 1987.

20. Kimes, S. E., Chase, R. B., Lee, S. C., & Ngonzi, E. (1998). Restaurant Revenue Management: Applying Yield Management to the Restaurant Industry. *Cornell Hotel and Restaurant Administration Quarterly*, 39 (3): 32-39.

21. Kotschevar, L.H. & Terrell, M.E. *Foodservice Planning: Layout and Equipment*, 3rd ed. New York: John Wiley & Sons. 1985.

22. Konz, S. *Work Design.* Arizona, Publishing Horizons, Inc. 1995.

23. Lundberg, D.E. *The Restaurant: From Concept to Operation.* New York: John Wiley & Sons. 1985.

24. Lawson, F. *Restaurant, Clubs and Bars. Planning, Design and Investment for Food Service Facilities.* Oxford: Butterworth-Heinemann. 1994.

25.Michigan State University Extension *Restaurant Market Analysis*. 2004.
http://www..msue.msu.edu/msue/imp/modtd/33702004

26.Mill, R. C. *Restaurant Management: Customers, Operations, and Employees*. Pearson Education, Inc. 2007.

27.Minor, L.J. & Cichy, R.F. *Foodservice System Management*. West Conn.: AVI Publishing Company. 1984.

28.Mundel, M.E. & Danner, D.L. *Motion and Time Study: Improving Productivity*. Amazon.com, Inc. 1998.

29.National Restaurant Association *Restaurant Industry Forecast*. Washington, DC: National Restaurant Association. 2005.

30.National Assessment Institute *Handbook for Safe Food Service Management*. New York: Prentice Hall. 1997.

31.Pavesic, D.V. *How to Determine the Most Efficient Layout for Kitchen Equipment*. Hospitality Education and Research Journal, 10(1), 12-24. 1985.

32.Scriven, C.R. & Stevens, J.W. *Manual of Equipment and Design for the Foodservice Industry*. Van Nostrand Reinhold. 1989.

33.Spears, M.C. *Foodservice Organizations. A Managerial and Systems Approach*, 4th ed. New Jersey: Prentice Hall. 2000.

34.Sheridan, T.B. & Ferrell, W.R. *Man-Machine Systems. Information, Control, and Decision Models of Human Performance*. The MIT Press 1981.

Note

Note

國家圖書館出版品預行編目資料

餐飲規劃與佈局／全中好著. 一一四版.
一一臺北市：五南，2016.07
　面；　公分
ISBN 978-957-11-8589-7（平裝）
1.餐飲業管理
483.8　　　　　　　　105005299

1L61　餐旅系列

餐飲規劃與佈局

作　　者 ― 全中好（441）

發 行 人 ― 楊榮川

總 編 輯 ― 王翠華

主　　編 ― 黃惠娟

責任編輯 ― 蔡佳伶　蔡卓錦

封面設計 ― 陳翰陞

出 版 者 ― 五南圖書出版股份有限公司

地　　址：106台北市大安區和平東路二段339號4樓

電　　話：(02)2705-5066　　傳　　真：(02)2706-6100

網　　址：http://www.wunan.com.tw

電子郵件：wunan@wunan.com.tw

劃撥帳號：01068953

戶　　名：五南圖書出版股份有限公司

法律顧問　林勝安律師事務所　林勝安律師

出版日期　2010年9月初版一刷
　　　　　2012年4月二版一刷
　　　　　2014年9月三版一刷
　　　　　2016年7月四版一刷

定　　價　新臺幣250元

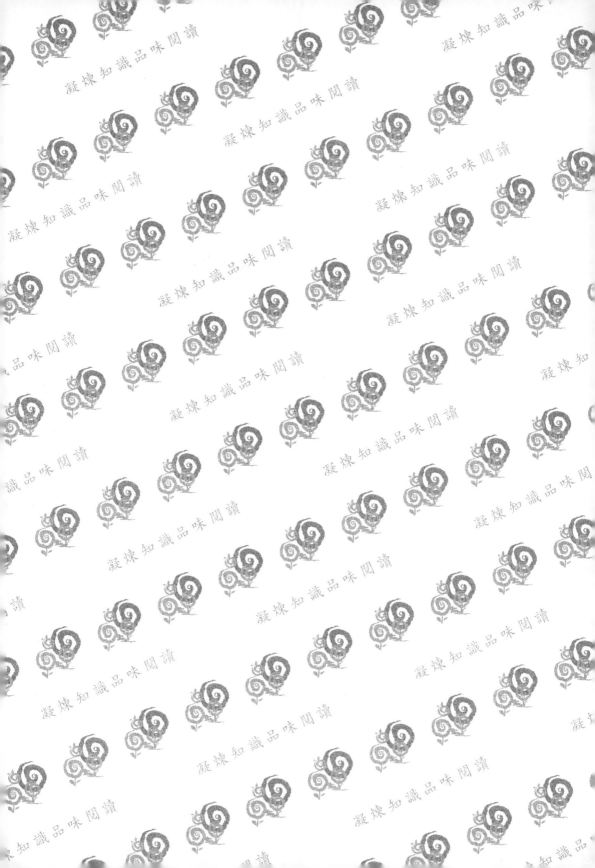